国家自然科学基金青年基金项目(编号:52104157)资助

外部载荷下超声波在全长锚固锚杆中传播受缺陷影响的研究

于水生 著

黄河水利出版社
·郑州·

内 容 提 要

为了确保支护结构的稳定和安全,避免支护结构发生事故,延长支护结构的使用寿命,提高支护结构的可靠性,本书基于对超声导波传播特性的理论分析,并利用室内试验和数值模拟方法对在不同载荷作用(特别是围压和拉拔载荷共同作用)下的全长锚固锚杆进行载荷传递、缺陷检测和锚固质量研究。

本书适用于土木工程、城市地下空间工程、采矿工程等相关专业的高年级本科生及相关专业的研究生。

图书在版编目(CIP)数据

外部载荷下超声波在全长锚固锚杆中传播受缺陷影响的研究/于水生著．—郑州:黄河水利出版社,2023.6

ISBN 978-7-5509-3608-9

Ⅰ.①外… Ⅱ.①于… Ⅲ.①锚固-缺陷检测②锚杆支护-缺陷检测 Ⅳ.①TV223.3 ②TD353

中国国家版本馆 CIP 数据核字(2023)第 121498 号

组稿编辑 王志宽 电话:0371-66024331 E-mail:wangzhikuan83@126.com

责任编辑 岳晓娟 责任校对 杨秀英
封面设计 黄瑞宁 责任监制 常红昕
出版发行 黄河水利出版社
 地址:河南省郑州市顺河路 49 号 邮政编码:450003
 网址:www.yrcp.com E-mail:hhslcbs@126.com
 发行部电话:0371-66020550
承印单位 河南新华印刷集团有限公司
开　本 787 mm×1 092 mm 1/16
印　张 7.25
字　数 168 千字
版次印次 2023 年 6 月第 1 版 2023 年 6 月第 1 次印刷
定　价 65.00 元

(版权所有 侵权必究)

前　言

　　全长黏结锚杆在采矿工程中广泛应用，锚杆实际施工中不可避免地存在施工质量问题，例如锚杆与锚固剂出现脱空、锚杆长度不足和锚杆腐蚀等，或者由于天然节理等的存在，严重影响到锚固质量，从而危及岩体结构的安全。快速、有效地检测在不同载荷作用下锚杆的锚固质量及缺陷信息是至关重要的。

　　为了确保支护结构的稳定和安全、避免支护结构发生事故、延长支护结构的使用寿命、提高支护结构的可靠性，本书基于对超声导波传播特性的理论分析，并利用室内试验和数值模拟方法对在不同载荷作用(特别是围压和拉拔载荷共同作用)下的全长锚固锚杆进行载荷传递、缺陷检测和锚固质量研究，主要研究内容如下：

　　(1)对超声导波的传播特性进行分析，求解导波频散方程，得到导波中群速度、相速度和波数的频散曲线，选出最优频率，为数值模拟提供理论基础；研制考虑围压作用且在锚杆拉拔过程中能对其进行应力波检测的试验装置，为试验工作提供条件。

　　(2)利用自主研发的试验装置对锚固长度为 1.5 m、直径分别为 18 mm、20 mm 和 25 mm 的全长锚固锚杆进行拉拔试验，评估了锚固剂固化时间分别为 7 d、14 d 和 28 d 时锚杆直径和锚固剂固化时间对锚杆载荷传递行为的影响，分析拉拔过程中锚杆耗散能量情况，并利用数值模拟方法对锚杆拉拔过程中锚固系统的破坏过程进行计算分析，以弥补试验中无法观察到锚杆拉拔整个过程的不足。

　　(3)对含有一个黏结缺陷的锚固锚杆系统进行拉拔和超声导波检测室内试验，分析含有黏结缺陷的锚杆中应力分布情况，并基于超声导波检测结果确定缺陷长度及位置，研究载荷作用下锚杆中导波传播规律，并量化分析锚杆锚固质量；考虑不同位置的黏结缺陷、锚杆长度不足和岩体中含有天然节理等情况，利用数值模拟方法计算导波的传播过程，分析载荷对导波传播过程影响的特征。

　　(4)采用小波多尺度分解对在不同拉拔载荷作用下的全长锚固锚杆中超声导波检测信号进行处理分析，确定锚杆锚固质量。利用数值模拟方法分析导波在不同锚固长度下的锚固锚杆系统中的传播过程，研究不同载荷作用下锚杆的锚固质量。

　　(5)在室内试验中，考虑围压作用，对锚杆进行拉拔及超声导波检测，分析在围压和拉拔载荷共同作用下超声导波在锚固锚杆系统中的传播规律，确定锚杆的锚固质量。最后基于数值模拟方法分析相同拉拔载荷不同围压、相同围压不同拉拔载荷下超声导波在锚固锚杆系统(无缺陷和含有缺陷)中的传播规律。

　　本书共分 7 章，包括：第 1 章绪论，第 2 章超声导波的传播特性及试验装置，第 3 章全长锚固锚杆载荷传递行为研究，第 4 章无围压作用下锚固锚杆系统中缺陷检测研究，第 5 章无围压作用下全长锚固锚杆锚固质量检测研究，第 6 章围压作用下全长锚固锚杆锚固质量检测研究，第 7 章结论与展望。

本书得到了国家自然科学基金青年基金项目(编号:52104157)的支持,也得到了中原工学院建筑工程学院的大力支持,在此致以衷心的感谢!

由于作者学识有限,书中难免有疏漏和不足之处,恳请读者批评指正。

作 者

2023 年 5 月

目 录

前 言
第1章 绪 论 …………………………………………………………………… (1)
  1.1 研究背景及意义 ………………………………………………………… (1)
  1.2 锚杆中载荷传递行为的研究现状 ……………………………………… (2)
  1.3 锚杆无损检测的研究现状 ……………………………………………… (5)
  1.4 本书的主要研究内容及技术路线 ……………………………………… (10)
第2章 超声导波的传播特性及试验装置 …………………………………… (12)
  2.1 引 言 …………………………………………………………………… (12)
  2.2 自由锚杆中超声导波的频散方程及求解 …………………………… (12)
  2.3 锚固锚杆中纵向导波的频散方程及求解 …………………………… (17)
  2.4 锚杆拉拔及应力波检测试验装置和测试方法 ……………………… (19)
  2.5 小 结 …………………………………………………………………… (22)
第3章 全长锚固锚杆载荷传递行为研究 …………………………………… (23)
  3.1 引 言 …………………………………………………………………… (23)
  3.2 试验材料及模型制作 ………………………………………………… (23)
  3.3 试验过程 ……………………………………………………………… (25)
  3.4 试验结果与分析 ……………………………………………………… (25)
  3.5 数值分析锚固锚杆系统破坏过程及影响因素 ……………………… (30)
  3.6 小 结 …………………………………………………………………… (37)
第4章 无围压作用下锚固锚杆系统中缺陷检测研究 ……………………… (39)
  4.1 引 言 …………………………………………………………………… (39)
  4.2 试验设计及步骤 ……………………………………………………… (39)
  4.3 试验结果与分析 ……………………………………………………… (40)
  4.4 含有锚固缺陷的锚固锚杆系统中导波传播规律 …………………… (44)
  4.5 锚杆长度不足时锚固锚杆系统中导波传播规律 …………………… (53)
  4.6 含有节理的锚固锚杆系统中导波传播规律 ………………………… (57)
  4.7 小 结 …………………………………………………………………… (61)
第5章 无围压作用下全长锚固锚杆锚固质量检测研究 …………………… (62)
  5.1 引 言 …………………………………………………………………… (62)
  5.2 小波多尺度分析理论基础 …………………………………………… (62)
  5.3 试验设计及步骤 ……………………………………………………… (63)
  5.4 试验结果与分析 ……………………………………………………… (64)
  5.5 数值分析锚固锚杆中导波传播规律 ………………………………… (67)

5.6 小结 ……………………………………………………………… (72)
第6章 围压作用下全长锚固锚杆锚固质量检测研究 …………………… (73)
6.1 引 言 …………………………………………………………… (73)
6.2 试验设计及步骤 ………………………………………………… (73)
6.3 试验结果与分析 ………………………………………………… (74)
6.4 数值模拟围压作用下锚杆锚固质量检测 ……………………… (76)
6.5 数值模拟围压作用下含有缺陷的锚杆锚固质量检测 ………… (88)
6.6 小结 ……………………………………………………………… (96)
第7章 结论与展望 ……………………………………………………… (97)
7.1 结 论 …………………………………………………………… (97)
7.2 展 望 …………………………………………………………… (98)
参考文献 ………………………………………………………………… (99)

第1章 绪 论

1.1 研究背景及意义

锚杆支护作为一种结构简单且用途广泛的支护形式,它具有支护强度高、成本低和支护效果好等优点,能充分利用围岩和岩土体来承担荷载,最大限度地保持围岩的完整性和稳定性,有效控制围岩变形、位移和裂缝的发展,充分发挥围岩自身的支撑作用,广泛应用于地下工程(见图 1-1)、边坡工程(见图 1-2)等工程领域。与其他支护形式相比,锚杆支护能够更经济、有效地保证地下硐室围岩、边坡等的稳定性。锚杆的支护作用主要包括悬吊作用、组合梁作用、承载拱作用、销钉作用。目前,岩体地下工程中常用的全长锚固锚杆通过锚固剂锚固在围岩体中,以此保证锚杆与围岩联合变形,从而达到提高锚杆-围岩体的刚度、强度和限制围岩变形的作用。

图 1-1 地下巷道

图 1-2 边坡

随着矿产开采深度的不断增加,地应力也会越来越大,而地应力又是采矿工程中导致围岩发生变形与破坏的根本驱动力,为了有效提高围岩的自稳能力,通常需要在围岩中注入锚杆对围岩进行支护。锚杆支护结构在服务期间除受地应力作用外,同时由于在地下开采过程中围岩中将不可避免地出现采动应力场,随着采矿活动的进行及时间的推移,采动应力场会不断变化,并导致锚杆的受力状况也会相应地发生变化。并且在锚杆实际施工中不可避免地存在施工质量问题,如锚杆与锚固剂出现脱空、锚杆长度不足和锚杆腐蚀等,或者由于天然节理等的存在,时刻影响着锚杆支护结构的稳定与安全。因此,确保支护结构的稳定和安全,避免支护结构发生事故,延长支护结构的使用寿命,提高支护结构的可靠性是经济建设中无法回避的问题,而这个问题的解决方法主要是通过无损检测方法对应力作用下锚杆锚固质量及锚固系统中的缺陷进行检测,从源头上找出问题所在,早期发现并采取必要预防措施,减少不必要的经济损失甚至人员伤亡。

1.2 锚杆中载荷传递行为的研究现状

锚杆在服役期间,经常会受到不同载荷的作用,载荷在锚杆中的传播是一个非常复杂的过程,并且锚杆与锚固岩体是相互作用的。长期以来,众多学者对锚杆与围岩体之间的相互作用及锚杆中载荷传递行为进行了大量的研究,他们主要从室内试验、理论分析和数值模拟角度出发研究拉拔载荷作用下锚杆与锚固剂和锚固剂与围岩体之间的载荷传递和应力分布规律。

1.2.1 锚杆中载荷传递行为的试验研究

在锚杆载荷传递行为的试验研究中,Mostafa et al. 研究了锚杆侧面结构对锚杆和锚固体之间载荷传递能力的影响。Spearing et al. 提出一种测试现场锚杆性能的新方法,即在锚杆上均匀和交错粘贴应变片以测量锚杆轴向应力变化。Bae et al. 利用拉拔试验研究了不同混凝土强度、厚度和钢纤维含量对钢筋和钢纤维增强活性粉末混凝土间黏结强度的影响,结果表明黏结强度的增长率随着混凝土压缩强度增长率的增大而减小,混凝土厚度对黏结强度的影响和压缩强度一样,随着厚度的增加,试样的破坏模式不同;随着钢纤维含量的增加,黏结强度增大,但增长率不同。Cao et al. 通过在锚固剂中添加金属颗粒来增强锚杆系统的载荷传递能力。Gerardo et al. 分别进行了一系列单调和循环加载拉拔试验以评估钢筋的黏结性能。单调加载中,随着滑移的增加,化学黏附和机械互锁渐进地发挥作用。循环加载中,黏结强度随着循环次数和最大滑移位移的增加而降低。而Pul、Fard and Marzouk 研究了钢筋与混凝土间的黏结特性,并分析了载荷历程、钢筋直径、混凝土强度、拉拔速率对其影响。宋洋等采取小应变高频动荷载等效成大应变低频荷载的加载模式,进行反复拉拔试验,得出在不同的外载荷作用下,端锚锚杆在锚固段各位置处拉应力与剪切应力的变化趋势。在黏结-滑移关系的研究上,还有很多学者做了大量的试验工作。

随着连续不断的地下开采,岩体的几何形状发生变化,地应力也发生相应变化,这可能对锚杆的黏结强度产生积极的(应力增加)或负面的(应力降低)影响。Cao et al. 认为在锚固系统中载荷传递的有效性受围压的影响。因此,很多研究者利用拉拔试验对锚杆在围压作用下的黏结性能进行了研究。Hyett et al. 通过对不同埋置长度和不同围压作用下的锚杆进行拉拔试验,结果表明,锚杆的黏结强度随着埋置长度的增加而增加,但不成正比关系;随着围压的增大,锚杆黏结强度增大。Moosavi et al. 的研究结果表明锚杆的黏结强度随着围压的增大而呈非线性关系增大。Martin et al. 认为围压对锚杆-锚固剂界面有着重要的影响,指出对于短试样,切应力在拉拔过程中均匀分布,而对于长试样,切应力不均匀分布,较为复杂。Kaiser et al. 认为全锚锚索的黏结强度主要是由摩擦引起且依赖于锚索-锚固剂界面的压力,界面压力随着附近矿山开采应力变化而变化。Zhang et al. 利用拉拔试验研究光面圆钢筋在侧拉力作用下的黏结行为,结果表明随着侧拉力的增加,峰值黏结强度所对应的滑移位移先增加后保持恒定或降低,主要依赖于试样所受侧拉力是单轴还是双轴,最后基于试验结果提出了经验公式。Li et al. 利用拉拔试验研究了加载速率对光面圆钢筋在侧压力作用下与混凝土黏结行为的影响,结果表明在相同侧压力作用下,最大和残余黏结强度随着加载速率的增大而增大,最大黏结强度所对应的滑移位移随着加载速率的增大而减小。Li et al. 通过考虑不同侧向压力和钢筋直径,试验研究了在单轴侧向压力作用下钢筋的滞后黏结响应,结果表明峰值黏结强度和摩擦阻力的推迟深受侧向压力和钢筋直径的影响。Jiang et al. 考虑不同抗压强度的自密实性轻质骨料混凝土、杆直径和侧向拉力试验研究圆钢和混凝土之间的黏结应力与滑移关系,结果表明试样是拉拔破坏而没有发生劈裂裂缝。随着侧向拉力的增加,试样的极限强度和残余强度降低,在极限强度所对应的滑移长度先增加后保持恒定。Afefy and Tony 认为由于侧向压力的限制作用增强了钢筋与混凝土界面间的黏结强度。

1.2.2 锚杆中载荷传递行为的理论研究

研究锚杆锚固机制的关键问题之一是选择合理的锚固力学传递计算模型,简化锚固问题,做到在理论分析的同时能更加准确地反映客观实际。在锚杆与锚固体的相互作用理论研究中,许多学者基于剪滞理论对其相互作用进行了分析。Cai et al. 利用改进的剪滞理论分析了锚杆与围岩的相互作用关系,分析拉拔过程中锚杆的解耦行为及岩体的均匀变形,最后考虑相交节理的影响。何思明等考虑预应力锚索锚固段内稳定岩体及浆体材料的损伤特性,通过定义岩体、浆体的剪切损伤变量,给出了各自的损伤本构方程及相应的损伤演化方程,并将其用于对常规剪切滞模型的修正,得到了考虑材料损伤的修正剪滞模型。方勇等将剪滞理论与有限元方法相结合,提出了一种新的用于求解全长黏结式锚杆与均质围岩相互作用的计算方法,而锚杆对围岩的作用等效于一组节点载荷施加到围岩节点上,求得复杂情况下的锚杆内力分布。许宏发等根据剪滞理论,基于协调剪切变形段锚杆和岩体间剪切变形刚度的线性假定,不协调剪切变形段锚杆和岩体间剪应力沿杆长呈幂函数型分布的假定,推导出全灌浆锚杆沿杆长剪应力分布函数、轴力分布函数和位移分布函数,进而可获得锚杆最大拉拔力和拉拔载荷-位移曲线。尤春安等根据剪滞理论,通过对锚固体与灌浆材料的界面层变形-破坏过程分析,建立了锚固体-岩土体界面力学模型(剪滞-脱黏模型),结果表明,锚固体的弹性区和脱黏区的受力较小,主要受力部分是塑性滑移区。

而有些学者在研究锚杆与围岩体之间相互作用关系时考虑了中性点,中性点理论是Freeman 基于大量现场原位试验结果首次提出的,按照其分析,在中性点位置锚杆杆体和围岩位移相等,锚杆受到的剪切力为零,轴向应力最大。王明恕等也提出了中性点理论。在此研究中,Cai et al. 的研究结果表明中性点位置不仅与锚杆的长度和巷道半径有关,而且与岩体的力学性能影响有很强的关系。李冲等利用理论分析、现场实测等方法研究了全长锚固预应力锚杆杆体受力特征,其指出在锚杆作用范围内,巷道围岩状态依次为弹性、弹塑性及塑性,围岩塑性区随着巷道掘进时间的增加,慢慢向围岩深部扩展,巷道围岩表面位移也不断增加。朱训国等结合中性点理论中锚杆中性点位置处的摩阻力为 0 的思想,对影响中性点位置的因素进行了详细的分析,得出了影响锚杆中性点位置的相关因素。Cai et al. 指出在锚杆中可能不只是一个中性点而是多个中性点,锚杆中轴向力是由围岩的变形或位移引起的,中性点受锚杆与围岩的相互作用关系影响。周浩等根据中性点理论,假定锚固体界面的剪切滑移模型,导出了锚杆与围岩相互作用下的荷载传递基本微分方程。基于三维弹塑性有限元增量法计算的围岩离散位移,采用插值拟合获得造成锚杆变形的围岩连续位移,通过求解微分方程得到锚固体界面剪应力和轴向力分布函数。将获得的锚固体剪应力采用等效附加应力模型作用于岩体,反映了锚杆的支护效应。

Benmokrane et al. 通过分析大量室内试验结果提出经典的拉拔三线模型,该模型能很好地描述锚杆拉拔过程中的力学性能。Ren et al. 考虑残余黏结强度并基于三线黏结-滑移模型提出了预测全长锚固锚杆在拉拔过程中力学性能的解析解。文竞舟等根据全长锚固锚杆的受力平衡及锚固界面层剪应力的传递机制建立了关于锚杆轴向位移的微分方程,通过求解锚杆轴向位移的微分方程可得到锚杆与围岩相互作用下的轴向载荷和锚固界面剪应力的分布函数。王洪涛等为研究不同锚固长度对巷道围岩的控制效果,从理论方面推导了锚杆应力分布规律,考虑分析了锚杆直径、围岩强度参数、锚固长度、预紧力、布设间距等影响因素,建立了不同锚固长度下巷道围岩力学分析模型。王刚等针对端锚式锚杆-围岩结构体在长时条件下支护作用的演化机制,建立了端锚式锚杆-隧洞围岩耦合作用的结构模型。此外,王刚等还针对大变形锚杆的力学及变形特性,提出了一种锚杆-围岩耦合作用结构模型,并基于塑性增量理论,从锚杆-围岩相互作用的角度,提出了大变形锚杆加固岩体的求解方法,推导了加锚岩体的平衡方程、位移协调方程和锚杆响应方程。

另外,一些学者考虑了围压对锚杆载荷传递的影响作用。Martin et al. 提出半经验模型,结果表明模型与试验结果相一致。Shen et al. 利用拉拔试验研究了早期高强度混凝土和钢筋间的黏结性能,结果表明黏结强度随着龄期的增加而增加,黏结强度随着混凝土强度的增加而增加,最后提出早期混凝土与钢筋间黏结强度-滑移相互作用关系的预测模型,该模型与试验结果吻合很好。Dahou et al. 根据混凝土强度提出预测钢筋-混凝土黏结强度的经验模型。Ghadimi et al. 提出一种新解析方法来预测节理岩体中锚杆的位移和剪切强度。

而在数值模拟方面,Nemcik et al. 将非线性黏结-滑移关系写入有限差分岩石力学代码用以模拟锚杆在锚固体中的滑移破坏过程,锚杆在拉拔过程中经历五个阶段:弹性、弹性—软化、弹性—软化—滑移、软化—滑移和滑移。Ma et al. 利用数值模拟方法研究了锚杆与锚固体间界面的剪应力分布规律及锚杆中轴应力分布规律;此外,Ma et al. 把非线性黏结-滑移关系嵌入到数值模型中描述了锚杆-锚固剂界面的相互作用关系。李青锋等首先采用 UDEC 数值模拟软件模拟了上覆煤层开采对前方底板巷道的影响,分析了采动应力对顶、帮锚杆支护结构的作用响应;然后采用 FLAC 数值模拟软件模拟了树脂锚杆锚固段的承载及变形,得到了树脂锚杆在一定载荷和围压作用下的动力响应,结果表明树脂锚杆的锚固损伤是一种渐进式破坏过程。

1.2.3 锚杆中载荷传递行为的影响因素及存在的问题

锚杆载荷传递行为在锚固锚杆系统中起着重要作用并受多方面因素的影响,例如:应力变化、围压、锚杆直径、锚固剂、锚杆形状、锚固长度和温度等。Moosavi et al. 和 Kilic et al. 研究结果表明采矿诱导应力变化是影响锚杆黏结强度的主要因素,随着围压的增大,黏结强度呈非线性增大。Karanam and Dasyapu 开展了不同锚杆直径和锚固长度的拉拔试验以研究锚杆的载荷传递机制。Teymen 在锚固剂中添加添加剂来研究添加剂对锚杆黏结行为的影响。Wu et al. 开展拉拔试验研究了锚杆杆体中肋的间距对黏结效应的影响,结果表明杆体中肋的间距越大,锚杆吸收越多的变形能。

在上述因素中,锚杆锚固长度是影响其黏结强度和拉拔破坏过程的关键因素之一。Benmokrane et al. 开展锚固长度从 110.6 mm 到 316 mm 的锚杆拉拔试验研究其与载荷传递间的关系,结果发现随着锚固长度的增加,锚杆承受载荷增大。Li et al. 通过拉拔试验决定了全长锚固锚杆的临界锚固长度(从 100 mm 到 400 mm),锚杆的黏结强度不是定值,而是受锚固长度影响的。Teymen 根据之前的研究结果锚杆锚固长度超过 250 mm 锚杆就会被拉断,而采用锚固长度 200 mm,而使锚杆在锚固剂固化 7 d 后而发生滑移现象。Li et al. 通过全锚锚固 1 000 mm 的拉拔试验来研究在不同环境温度下锚杆中轴向应力和剪切应力的分布。当锚固长度超出一临界值时,锚杆发生破坏是必然的,为了预防锚杆被拉断,锚固长度一般保持在 50~400 mm。然而,根据以上研究结果表明在试验室拉拔试验中,锚固长度一般在 50~1 000 mm,但这些都比锚杆在现场应用中的锚固长度要短。

综上所述,在过去的几十年里,众多学者通过室内试验、理论分析、数值模拟等研究方法针对锚固锚杆系统力学性能开展了广泛深入的研究,取得了丰硕的研究成果。在室内锚杆拉拔试验中,学者们虽然考虑了众多影响因素,但针对锚固长度而言,大多数学者只是对锚固长度在 50~1 000 mm 的锚杆进行拉拔试验,这与现场应用中的锚杆长度相比要短,不能真实地反映实际工程中锚杆的受力状况。然而在锚杆服役中,较长锚固锚杆和短锚固锚杆相比,两者的载荷传递行为及破坏模式都会有所不同。因此,本书基于充分考虑锚杆锚固长度的影响,又充分考虑锚杆直径和锚固剂固化时间的影响,对较长锚固锚杆进行拉拔试验,进一步真实地反映现场锚杆的载荷传递行为,然后利用数值模拟方法演绎锚固锚杆系统在拉拔载荷下的破坏过程,并比较分析不同锚杆锚固长度下锚固系统的破坏机制,最后确定锚杆发生屈服和颈缩的临界锚固长度,以及研究分析锚杆与锚固剂之间的摩擦系数对残余强度的影响。

1.3 锚杆无损检测的研究现状

在采矿、岩土工程中,大量采用锚杆支护技术,而锚杆的施工质量(如锚杆锚固质量如何、锚杆的长度是否与设计长度一致、其砂浆是否饱满,即锚杆是否起到了预期的作用等)直接影响到巷道、硐室和边坡的稳定性,锚杆的施工又属于隐蔽工程,锚杆的有效长度(见图1-3)、是否含有锚固缺陷等不得而知。锚杆的锚固质量及其所含缺陷密切关系到巷道围岩、边坡等工程的稳定性和安全性,因此需要对锚杆的锚固质量和缺陷进行检测。

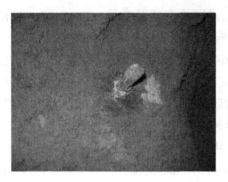

图1-3 锚杆长度过短

在锚杆的检测中,主要有有损检测方法和无损检测方法。有损检测方法是传统的锚杆锚固质量的检测手段,主要依靠测试锚杆的抗拔力,通过拉力计或扭力扳对锚固锚杆施加拉力,直到锚杆达到设计要求或锚杆松动,或者对锚杆进行实时轴力监测(见图1-4),虽然此法具有直观可靠的优点,得到广泛的应用,但仍存在许多不足:①耗时费力;②具有破坏性;③拉拔力并不能完全反映锚杆的锚固状态;④无法检测锚杆实际锚固长度。

图1-4 现场锚杆拉拔试验

无损检测方法是利用材料内部结构异常或缺陷存在引起的热、声、光、电、磁等反应的变化,以物理或化学方法为手段,对试件内部及表面的结构、性质、状态及缺陷的类型、性质、数量、形状、位置、尺寸、分布及其变化进行检测的方法。它主要有应力波检测法、超声导波检测法、声发射检测法、射线检测法、磁致伸缩检测法等。在这些无损检测方法中,应力波检测法和超声导波检测法是最为常用的。

应力波检测的原理主要是应力波在传播过程中,遇到裂纹、孔洞等不连续界面时,会发生散射、折射及反射等现象,因而其在传播过程中可以携带大量的缺陷信息,据此可以检测物体中各种缺陷。但应力波检测方法在锚杆质量评价工作中仍存在以下问题:可靠性差、精度低、主观性强、随意性大等；应力波反射法的尺寸效应，采用一维杆纵波理论的前提是激振脉冲的波长与被检测锚杆的半径之比足够大，否则平面假设不成立，即"一维纵波沿杆传播"的问题转化为应力波沿具有一定横向尺寸的柱体传播的三维问题；应力波频率低，波长相对较长，对于小缺陷的检测，不能精确检测出缺陷位置及大小；低应变瞬态敲击法所激发的模态单一，从锚固锚杆底端反射回来的能量很弱，而从其他界面反射回来的能量较强，这样反射的弹性波互相叠加造成底端反射被湮没，看不到底端反射。因此，由于应力波检测法衰减严重、往往得不到底端反射信号、有效检测深度不大等劣势的存在，本书研究中未采用应力波检测方法，而采用超声导波检测方法。

超声导波是一种由于介质边界的存在而被限制在介质中传播的，同时其传播方向平行于介质边界的波，其优点在于传播距离远、范围广和检测效率高，适用于杆、管和板等多种结构的缺陷检测和健康状况评估。该技术可以利用少量传感器对结构进行大范围、长距离检测，可以检测结构整个横截面上不同位置的缺陷，可以通过选取适合的单个或多个模态在不同激励频率下对结构进行健康状况评估。它的一个重要特性是不同频率的波在波导中传播的特征不同，包括波传播的速度及波的衰减特性，而且这种波传播特性与锚杆以及锚固体的几何结构和锚固质量有关。因此，可以根据锚杆的锚固结构找到一种比较合适的振型和激发频率，从而可以适当增加锚杆锚固质量的检测深度。并且超声导波指向性好，频率越高的超声导波指向性越好，传播能量大，穿透材料的能力强。高频导波传播速度不受介质影响，易于分析研究。纵向导波可沿锚杆传播很远的距离而衰减很小，而且超声导波遍布整个波导，接收到的信号包含了整个波导的完整信息，可检测锚杆内部、接触表面及外包裹层的信息。

1.3.1 锚杆中超声导波检测方法研究现状

在利用超声导波检测方法上，Wang et al. 研究了导波在锚杆中的传播特性，其试验和数值模拟结果表明激发波频率在一定范围内导波在锚固结构中传播与边界条件有关，最优激发波可使锚固锚杆衰减最小、传播距离最远和锚杆端部反射波清晰。锚杆中的纵波对锚固质量非常敏感，随着锚固质量的增强，纵波逐渐衰减最终弥散。郭凤卿和张昌锁、刘海峰等认为超声导波波速与锚杆锚固强度、锚固剂的类型和围岩体性质有关。Zou et al. 利用超声导波无损检测技术对锚杆的锚固质量对其群速度和衰减进行了试验研究，分别考虑了砂浆强度和空气含量对其影响。Madenga et al. 利用超声导波研究了固化时间、频率和锚固长度对锚杆中超声导波速度的影响。Lee et al. 利用傅里叶变换和小波分析技术对锚杆锚固质量进行了分析，并与试验结果对比，表明两种分析方法可以检测锚杆锚固质量。Yu et al. 利用超声导波的反射方法来评价三种不同状态下锚杆的未锚固比，并对试验数据进行小波变换，最后得出超声导波可以检测现场锚杆的未锚固段长度。张世平等利用室内试验测试的方法对锚固锚杆和自由锚杆中的导波传播规律进行了研究，并在频率 20 kHz 至 3 MHz 范围内对锚固锚杆和自由锚杆波的传播速度进行了测试。潘立业等对不同锚杆试件进行频率扫描，得到锚固锚杆和自由锚杆中的高频超声导波传播规律,以检测锚杆实际有效锚固长度。韩世勇通过导波衰减理论,提出用高频导波来检测锚杆灌浆密实度。岳向红基于三维导波理论对基桩和锚杆进行了无损检测。

在数值模拟方面,Zhang et al. 利用数值模拟的方法研究了全锚锚杆中超声导波的传播,并分析了网格密度和导波频率对其的影响。Han et al. 利用超声导波评估锚杆的完整性,利用数值模拟方法确定了导波的离散性。基于导波的透射法研究了不同缺陷比(未锚固段长度与钢杆长度之比)下锚杆的性能,数值模拟结果表明导波的最优频率为 20~70 kHz。而现场和室内试验结果表明导波速度随着缺陷比的增加而增加,锚杆的未锚固部分的速度基本上是恒值。锚固部分的速度随着锚固长度的增加而降低,主要由于影响区的增大,结果表明利用导波的透射法可以很容易地评估锚杆的完整性。Beard et al. 首先利用数值模拟方法确定了锚杆衰减在低频和高频下的影响范围,并分析了岩石弹性模量、锚固剂弹性模量及厚度和锚杆–锚固剂界面质量对波衰减的影响。

1.3.2 含有缺陷的锚固锚杆系统的无损检测研究现状

孙冰采用室内模型试验和现代信号处理技术相结合的手段,研究了不同围岩中具有不同锚固状态的锚杆锚固系统中的低应变动力响应特性,结果表明完整锚杆的固定端反射信号非常强烈,但由于应力波衰减的影响使得底端反射信号很弱,而含有缺陷的锚杆固端反射信号同样比较强烈,但由于同样原因底端和缺陷反射信号微弱。

Cui et al. 利用数值模拟的方法研究了锚杆中超声导波的衰减和群速度,确认锚杆不足和砂浆的缺少对锚固锚杆的影响并通过试验进行了验证。夏代林等根据声波在含有缺陷的锚杆中传播将产生能量衰减、相位突变及频散现象,可通过小波时频分析,提取信号的相位特征,对锚杆锚固系统中的锚固缺陷进行准确定位。吴斌等通过分析自由钢杆和置于土壤中钢杆的频散曲线,对两种锚杆的长度进行检测,结果表明导波可以有效地检测锚杆长度,两种锚杆相比,置于土壤中锚杆的端面回波的信号幅值有所衰减。张雷通过建立含锚固缺陷非全长黏结锚杆应力波无损检测的物理模型,研究了锚固缺陷大小、缺陷分布特征对锚杆动力无损检测信号的影响规律,进而分析了锚杆中应力波传播的能量耗散随锚固缺陷特征量的变化规律。李维树等采用应力波一维波动理论,对现场锚杆进行测试,评估了锚杆的有效锚固长度、注浆密实度及缺陷大小和位置,确定了该工程锚杆无损检测验收标准。

许明建立了锚杆动态测试的有限元模型,对锚杆中的缺陷进行了数值模拟,并建立人工神经网格预测锚杆锚固质量等级评价的模型。王娜等选择宽频信号为激励信号,并对宽频信号在深埋锚杆中的传播特性进行分析,然后将测试信号进行小波包分解,发现不同的缺陷形式对宽频信号中不同频段的响应具有明显的特征,并且结合小波包分解技术与神经网络,提出了超声导波检测锚杆剥离缺陷的方法。程恩基于小波分析、粒子群(PSO)算法和径向基(RBF)神经网络建立了识别锚杆锚固缺陷类型的 RBF 神经网络模型,实现了对锚杆锚固质量的智能化分类。

1.3.3 外部载荷对检测结果的影响

从以上学者们的研究成果中可以发现,在对锚杆进行无损检测时,大多数学者基本没有考虑载荷作用下对锚杆的锚固质量和缺陷进行无损检测,这与实际工程中锚杆是受力的事实完全不符。而针对载荷作用下导波的传播特性,有些学者对于均匀、各向同性的固体材料受到单轴应力作用进行分析,结果表明如果材料受到单轴拉伸应力,即沿张应力方向传播的纵波波速随应力的增加而减小。相比于横波,在载荷作用下纵波对声弹效应比较敏感。还有一些学者研究了载荷对未锚固的钢索中超声导波的影响。Rizzo 在文献中提到材料衰减特性在应力作用下是不变的,但超声波速度在应力作用下是可变的。Chen and Wilcox 分析了载荷对超声导波的影响,结果发现导波相速度随着载荷的增大而增大,但群速度却降低。Kwun et al. 研究了拉伸载荷对七股钢丝索中轴向模态弹性波传播的影响,结果表明应力波中一部分频率成分变得高衰减。Liu et al. 基于快速傅里叶变换分析了拉伸应力对钢索中超声导波传播特性的影响,结果表明超声导波能量传递随着拉力的增加而增加。还有很多学者在这方面做了大量研究。由于在不同应力水平下应力波速度和弥散行为是变化的,因此应力波在锚索中的传播对所处的应力水平是很敏感的。

围绕锚杆与锚固剂之间脱空问题,从受力情况角度出发,Zhao and Yang 理论分析含有锚固缺陷的锚杆中轴向应力和剪切应力的分布情况,而 Xu et al. 利用试验和数值模拟方法分析了含有缺陷的锚杆中轴向应力和剪切应力的分布情况,进而确定锚固缺陷位置。但由于此种拉拔试验方法耗时费力并具有破坏性以及锚杆的隐蔽性,众多学者选择利用超声导波或应力波对锚杆进行无损检测。而其中大多数学者在室内试验和数值模拟方面只是对处于未受力情况下的锚杆进行无损检测,不过还是有极少数学者对受力作用下的锚杆进行检测的。Ivanovic et al. 提出一种新无损检测方法用以评估改变锚杆的预应力而引起的频率变化。Ivanovic and Neilson 利用磁致伸缩无损检测方法分析了载荷作用下锚固锚杆中的频率变化,以此确定锚杆的锚固长度。

在实际地下工程应用中,随着采矿活动的进行及时间的推移,作用于岩体中的锚杆受力状况是不断变化着的。锚杆在服役期间,经常处于三维受力状态,不仅拉拔载荷而且围压也时刻影响着锚杆的锚固质量。虽然有些学者对不同应力水平下钢索中超声导波特性和导波在未加载状态下锚固锚杆中的传播进行了研究,有少数学者也对拉拔载荷作用下锚杆进行无损检测,但考虑得还不够全面,例如在拉拔载荷作用下锚杆是否发生脱黏及脱黏长度是多少,由于波的反射、透射及衍射等,超声导波在锚固锚杆系统中的传播过程如何,只考虑拉拔载荷作用而没有考虑围压作用等,这些都是值得引起学者们关切的问题。因此,针对以上问题,本书对不同三轴受载(特别是围压和拉拔载荷共同作用)下锚杆锚固质量及缺陷的超声导波检测进行研究,量化锚杆在拉拔载荷作用下发生滑移的长度并确定锚杆锚固质量,通过超声导波检测获得锚固系统中的缺陷信息,利用数值模拟方法演绎超声导波在锚固锚杆系统中的传播过程。

1.4 本书的主要研究内容及技术路线

1.4.1 主要研究内容

针对以上研究现状中的分析及所存在的问题,本书基于对超声导波传播特性的理论分析,并利用室内试验和数值模拟方法对在不同载荷下的全长锚固锚杆进行载荷传递、锚固质量和缺陷检测的研究,主要内容如下:

(1)对超声导波的传播特性进行分析,求解导波频散方程,得到导波中群速度、相速度和波数的频散曲线,为数值模拟提供理论基础;研制考虑围压作用且能在锚杆拉拔过程中进行应力波检测的试验装置,为试验工作提供条件。

(2)具有较长锚固长度的锚杆中应力状态、破坏模式和短锚固长度的锚杆是不一样的,因此利用自主研发的锚杆拉拔及应力波检测试验装置,对锚固长度为 1.5 m、直径分别为 18 mm、20 mm 和 25 mm 及锚固剂固化时间分别为 7 d、14 d 和 28 d 的全长锚固锚杆进行拉拔试验,来评估不同直径和锚固剂固化时间的锚杆载荷传递行为,并利用数值模拟方法对锚杆拉拔过程中锚固系统的破坏过程进行计算,以弥补试验中无法观察到锚杆拉拔整个过程的不足。

(3)对含有黏结缺陷的锚固锚杆系统进行拉拔和超声导波检测试验,分析含有黏结缺陷的锚杆中应力分布情况,基于超声导波检测结果确定缺陷长度及位置,研究载荷作用下锚杆中导波传播规律,并对锚杆锚固质量进行量化。然后,考虑一个黏结缺陷在不同位置、两个黏结缺陷、锚杆长度不足和岩体中含有节理 4 种情况,利用数值模拟方法演绎导波在含有锚固缺陷的锚固锚杆系统中的传播过程,分析载荷对导波在锚杆中传播的影响机制。

(4)利用小波多尺度分析方法对在不同拉拔载荷作用下的全长锚固锚杆中超声导波检测信号进行分析,确定锚杆锚固质量。利用数值模拟方法分析导波在不同锚固长度下的锚固锚杆系统中的传播过程,研究不同载荷作用下锚杆的锚固质量。

(5)考虑围压作用,对不含缺陷的锚固锚杆系统进行室内拉拔及应力波检测试验,分析在围压和拉拔载荷共同作用下超声导波在锚固锚杆系统中的传播规律,确定锚杆锚固质量。分别考虑两种工况即相同围压不同拉拔载荷、相同拉拔载荷不同围压,利用数值模拟方法分析围压和拉拔载荷对锚固锚杆系统(无缺陷和含有缺陷)中导波传播规律的影响。

1.4.2 技术路线

根据以上所述研究内容,本书首先对超声导波的传播特性进行理论分析,并且研制锚杆拉拔及应力波检测试验装置;其次基于载荷作用的影响,利用室内试验和数值模拟对全长锚固锚杆进行拉拔并分析锚杆中载荷传递行为,且在拉拔载荷作用下对锚杆进行超声导波检测,研究拉拔载荷作用下超声导波在锚固锚杆中的传播规律及确定锚固锚杆系统中缺陷信息和锚杆锚固质量;最后考虑围压和拉拔载荷共同作用,对锚固锚杆系统(无缺陷和含有缺陷)进行检测,确定锚杆锚固质量及缺陷信息,具体技术路线如图 1-5 所示。

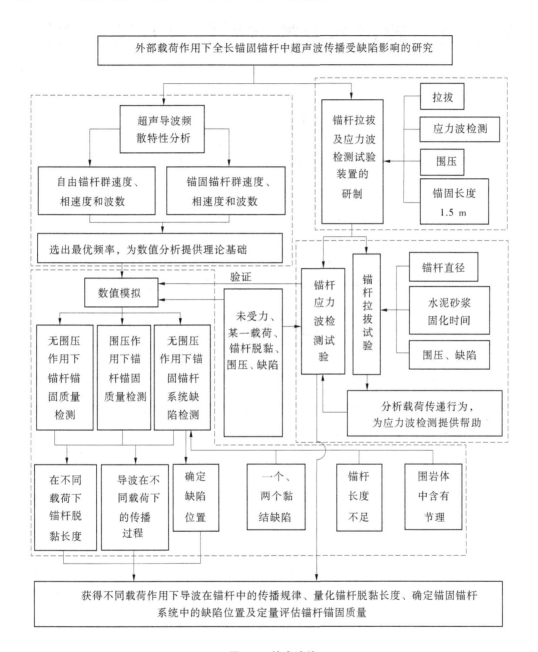

图 1-5　技术路线

第2章 超声导波的传播特性及试验装置

2.1 引 言

超声导波技术以其传播距离远、范围广和检测效率高等优点,成功应用到各类波导结构(管、板和杆等)的缺陷检测与定位,以及新材料力学性能的量化表征上。基于1.3.2节中学者们描述的超声导波可根据锚杆的锚固结构找到一种比较合适的振型和激发频率,增加锚杆锚固质量的检测深度;指向性好,传播能量大,穿透材料的能力强;接收信号包含了整个波导的完整信息,可检测锚杆内部、接触表面及外包裹层的信息等优势,本书采用超声导波对锚固锚杆进行无损检测,在进行检测前,首先要充分理解超声导波的传播频散特性,才能更好地利用其对锚固锚杆系统中的缺陷及锚固质量进行检测。

2.2 自由锚杆中超声导波的频散方程及求解

2.2.1 超声导波在自由锚杆中的传播

在研究导波沿锚固锚杆传播的问题之前,首先对导波在自由锚杆中的传播进行分析。导波在自由锚杆中的传播可利用柱坐标(见图2-1)的Navier运动方程表达如下:

图 2-1 柱坐标系中自由锚杆

$$(\lambda + 2\mu)\frac{\partial \phi}{\partial r} - \frac{2\mu}{r}\frac{\partial \omega_z}{\partial \theta} + 2\mu\frac{\partial \omega_\theta}{\partial z} = \rho \frac{\partial^2 u_r}{\partial t^2} \quad (2\text{-}1)$$

$$(\lambda + 2\mu)\frac{1}{r}\frac{\partial \phi}{\partial \theta} - 2\mu\frac{\partial \omega_r}{\partial z} + 2\mu\frac{\partial \omega_z}{\partial r} = \rho \frac{\partial^2 u_\theta}{\partial t^2} \quad (2\text{-}2)$$

$$(\lambda + 2\mu)\frac{\partial \phi}{\partial z} - \frac{2\mu}{r}\frac{\partial}{\partial r}(r\omega_\theta) + \frac{2\mu}{r}\frac{\partial \omega_r}{\partial \theta} = \rho \frac{\partial^2 u_z}{\partial t^2} \quad (2\text{-}3)$$

式中:λ、μ 为拉梅常量;ρ 为锚杆的密度;t 为传播时间;r、θ、z 为圆柱坐标中任一点位置,r 代表径向,θ 代表角,z 代表轴向;u_r、u_θ、u_z 分别为径向、角、轴向位置;ϕ 为柱坐标下的体积不变量;ω_r、ω_θ、ω_z 为旋转矢量的3个分量,则

$$\phi = \frac{1}{r}\frac{\partial(ru_r)}{\partial r} - \frac{1}{r}\frac{\partial u_\theta}{\partial \theta} + \frac{\partial u_z}{\partial z} \tag{2-4}$$

$$2\omega_r = \frac{1}{r}\frac{\partial u_z}{\partial \theta} - \frac{\partial u_\theta}{\partial z} \tag{2-5}$$

$$2\omega_\theta = \frac{\partial u_r}{\partial z} - \frac{\partial u_z}{\partial r} \tag{2-6}$$

$$2\omega_z = \frac{1}{r}\left[\frac{\partial(ru_\theta)}{\partial r} - \frac{\partial u_r}{\partial \theta}\right] \tag{2-7}$$

在锚杆的表面上，应力分量 $(\sigma_{rr}, \sigma_{r\theta}, \sigma_{rz})$ 应为 0，因此

$$\sigma_{rr} = \lambda\phi + 2\mu\frac{\partial u_r}{\partial r} \tag{2-8}$$

$$\sigma_{r\theta} = \mu\left[\frac{1}{r}\frac{\partial u_r}{\partial \theta} + r\frac{\partial}{\partial r}\left(\frac{u_\theta}{r}\right)\right] \tag{2-9}$$

$$\sigma_{rz} = \mu\left(\frac{\partial u_r}{\partial z} + \frac{\partial u_z}{\partial r}\right) \tag{2-10}$$

对于锚杆中振动的一般情形，有如下的位移分量：

$$u_r = U(r)\cos n\theta \mathrm{e}^{i(kz-\omega t)} \tag{2-11}$$

$$u_\theta = V(r)\sin n\theta \mathrm{e}^{i(kz-\omega t)} \tag{2-12}$$

$$u_z = W(r)\cos n\theta \mathrm{e}^{i(kz-\omega t)} \tag{2-13}$$

式中：i 为复数；$U(r)$、$V(r)$、$W(r)$ 分别为不同振动形式下的径向、角、轴向的总位移；n 为 0 或整数。

波数 k、相速度 c_p、频率 f、圆频率 ω 和波长 λ 之间的关系为

$$\left.\begin{aligned} k &= \frac{2\pi}{\lambda} = \frac{\omega}{c_p} \\ \omega &= 2\pi f \\ c_p &= f\lambda \end{aligned}\right\} \tag{2-14}$$

2.2.2 自由锚杆中纵向导波的频散方程

导波在锚杆中轴向传播时，按位移分量的特点，其主要有 3 种不同模态：纵向模态、扭转模态和弯曲模态。在锚杆检测研究中所用的激发波一般采用较易耦合的纵向模态，而不采用扭转模态和弯曲模态。而纵波在锚杆中的传播是轴对称的，且具有径向和轴向位移分量。纵波对应于式(2-11)~式(2-13)中 $n=0$ 的情形，满足波动方程的势函数 φ 和 ψ 表示：

$$\nabla^2 \varphi = \frac{1}{c_L^2}\frac{\partial^2 \varphi}{\partial t^2} \tag{2-15}$$

$$\nabla^2 \psi = \frac{1}{c_T^2}\frac{\partial^2 \psi}{\partial t^2} \tag{2-16}$$

式中：∇^2 为拉普拉斯算子；c_L 为纵波波速，$c_L = \sqrt{\dfrac{\lambda+2\mu}{\rho}} = \sqrt{\dfrac{E(1+\nu)}{\rho(1+\nu)(1-2\nu)}}$，$E$ 为弹性模

量，D 为泊松比；c_T 为横波波速，$c_T = \sqrt{\dfrac{\mu}{\rho}} = \sqrt{\dfrac{E}{2\rho(1+\nu)}}$；$t$ 为传播时间。

由于轴对称性，有关 z 轴的解为

$$\nabla^2 = \frac{\partial^2}{\partial r^2} + \frac{1}{r}\frac{\partial}{\partial r} + \frac{\partial^2}{\partial z^2} \tag{2-17}$$

位移矢量 $\bar{u} = (u_r, 0, u_z)$ 的分量为

$$u_r = \frac{\partial \varphi}{\partial r} + \frac{\partial^2 \psi}{\partial r \partial z} \tag{2-18}$$

$$u_z = \frac{\partial \varphi}{\partial z} - \frac{\partial^2 \psi}{\partial r^2} - \frac{1}{r}\frac{\partial \psi}{\partial r} \tag{2-19}$$

根据胡克定律，正应力和剪应力为

$$\sigma_{rr} = 2\mu \frac{\partial u_r}{\partial r} + \lambda \left(\frac{u_r}{r} + \frac{\partial u_r}{\partial r} + \frac{\partial u_z}{\partial z} \right) \tag{2-20}$$

$$\sigma_{rz} = \mu \left(\frac{\partial u_z}{\partial z} + \frac{\partial u_z}{\partial r} \right) \tag{2-21}$$

此问题的边界条件为

$$\sigma_{rr} = \sigma_{rz} = 0 \quad (r = a) \tag{2-22}$$

谐波在圆柱杆中沿 z 轴传播，因此式（2-15）和式（2-16）解的一般形式为

$$\varphi = G_1(r) e^{i(kz - \omega t)} \tag{2-23}$$

$$\psi = G_2(r) e^{i(kz - \omega t)} \tag{2-24}$$

式中：$G_1(r)$、$G_2(r)$ 为谐波分量。

将式（2-23）和式（2-24）代入式（2-15）和式（2-16）中，得到关于 $G_1(r)$、$G_2(r)$ 的常微分方程：

$$\frac{d^2 G_1(r)}{dr^2} + \frac{1}{r}\frac{dG_1(r)}{dr} + \left(\frac{\omega^2}{c_L^2} - k^2 \right) G_1(r) = 0 \tag{2-25}$$

$$\frac{d^2 G_2(r)}{dr^2} + \frac{1}{r}\frac{dG_2(r)}{dr} + \left(\frac{\omega^2}{c_T^2} - k^2 \right) G_2(r) = 0 \tag{2-26}$$

假定

$$\alpha^2 = \frac{\omega^2}{c_L^2} - k^2 \tag{2-27}$$

$$\beta^2 = \frac{\omega^2}{c_T^2} - k^2 \tag{2-28}$$

而式（2-25）、式（2-26）是典型的 Bessel 方程，相应的解为

$$G_1(r) = A J_0(\alpha r) \tag{2-29}$$

$$G_2(r) = B J_0(\beta r) \tag{2-30}$$

由于第二类 Bessel 函数 $Y_0(\alpha r)$、$Y_0(\beta r)$ 在原点的奇异性，故舍去 $Y_0(\alpha r)$ 和 $Y_0(\beta r)$。将式（2-29）和式（2-30）代入式（2-23）和式（2-24）得

$$\varphi = AJ_0(\alpha r)e^{i(kz-\omega t)} \tag{2-31}$$

$$\psi = BJ_0(\beta r)e^{i(kz-\omega t)} \tag{2-32}$$

将式(2-31)和式(2-32)代入式(2-18)和式(2-19)得

$$u_r = [AJ_0'(\alpha r) + BikJ_0'(\beta r)]e^{i(kz-\omega t)} \tag{2-33}$$

$$u_z = [AikJ_0(\alpha r) + \beta^2 BJ_0(\beta r)]e^{i(kz-\omega t)} \tag{2-34}$$

其中,$J_0'(\alpha r) = (\mathrm{d}/\mathrm{d}r)[J_0(\alpha r)]$,则

$$J_0'(x) = -J_1(x) \tag{2-35}$$

由式(2-33)、式(2-34)式(2-35)得

$$u_r = [-\alpha AJ_1(\alpha r) - \beta BikJ_1(\beta r)]e^{i(kz-\omega t)} \tag{2-36}$$

$$u_z = [AikJ_0(\alpha r) + \beta^2 BJ_0(\beta r)]e^{i(kz-\omega t)} \tag{2-37}$$

根据式(2-20)、式(2-21)、式(2-36)和式(2-37)得锚杆中的正应力和剪应力:

$$\sigma_{rr} = 2\mu\left\{\left[-\frac{1}{2}(\beta^2-k^2)J_0(\alpha r) + \frac{\alpha}{r}J_1(\alpha r)\right]A + \left[-ik\beta J_0(\beta r) + \frac{ik}{r}J_1(\beta r)\right]\beta B\right\}e^{i(kz-\omega t)} \tag{2-38}$$

$$\sigma_{rz} = \mu\{[-2ik\alpha J_1(\alpha r)]A + [(k^2-\beta^2)J_1(\beta r)]B\}e^{i(kz-\omega t)} \tag{2-39}$$

在圆柱体表面$r=a$,应力一定为0。将式(2-36)和式(2-37)代入式(2-20),并令σ_{rr}的最终表达式在$r=a$处为0,即$\sigma_{rr}=0$,可得到:

$$\left[-\frac{1}{2}(\beta^2-k^2)J_0(\alpha a) + \frac{\alpha}{a}J_1(\alpha a)\right]A + \left[-ik\beta J_0(\beta a) + \frac{ik}{a}J_1(\beta a)\right]\beta B = 0 \tag{2-40}$$

由$\sigma_{rz}=0$的边界条件,得:

$$[-2ik\alpha J_1(\alpha a)]A - (\beta^2-k^2)J_1(\beta a)\beta B = 0 \tag{2-41}$$

由系数行列式为0这一条件,可得到频散方程:

$$\frac{2\alpha}{a}(\beta^2+k^2)J_1(\alpha a)J_1(\beta a) - (\beta^2-k^2)^2 J_0(\alpha a)J_1(\beta a) - 4k^2\alpha\beta J_1(\alpha a)J_0(\beta a) = 0 \tag{2-42}$$

该式即为纵向导波的Pochhammer-Chree频散方程。

2.2.3 Pochhammer-Chree频散方程的求解

导波频散曲线的理论研究已经进行了100多年,Pochhammer和Chree首先把频散曲线应用于杆中,Rayleigh和Lamb应用于板材中。而在无损检测中,具有频率依赖性的导波速度频散曲线对利用导波进行无损检测是必不可少的。频散曲线代表了导波的基本信息,如波长、弥散、某一频率下的相速度和群速度,这些基本信息在导波的传播过程中起着非常重要的作用。相速度是指波的相位在空间中传递的速度,换句话说,波的任一频率成分所具有的相位即以此速度传递。由于色散的存在,在同一介质中传播的不同频率的波具有不同的相速度,也就是说,同一信号所包含的不同光谱成分在色散介质中不能同步传播。群速度指许多不同频率的正弦波的合成信号在介质中传播的速度。不同频率正弦波的振幅和相位不同,在色散介质中,相速不同,故在不同的空间位置上的合成信号形状会发生变化。

群速度是一个代表能量的传播速度。波数指原子、分子和原子核在光谱学中的频率单位,等于真实频率除以波速,即波长的倒数,或在波传播方向上每单位长度内波的个数。

本书中 Pochhammer-Chree 频散方程的求解采用由美国里海大学 Bocchini 教授等开发的交互式程序 GUIGUW(Graphical User Interface for Guided Ultrasonic Waves)求得。GUIGUW 是一款专门的超声导波分析程序,旨在计算超声导波在波导中传播的频散特性,具有可提供任意形状的波导结构并考虑声阻抗衰减等优点。

根据表 2-1 中锚杆的力学参数,利用 GUIGUW 程序对自由锚杆中纵向导波的 Pochhammer-Chree 频散方程进行数值求解,可得锚杆的频散曲线,如图 2-2 所示。

表 2-1 锚杆、混凝土和水泥砂浆的材料参数

材料	密度/(kg/m^3)	弹性模量/GPa	泊松比
锚杆	7 850	210	0.3
水泥砂浆	2 100	20	0.19
混凝土	2 300	33	0.23

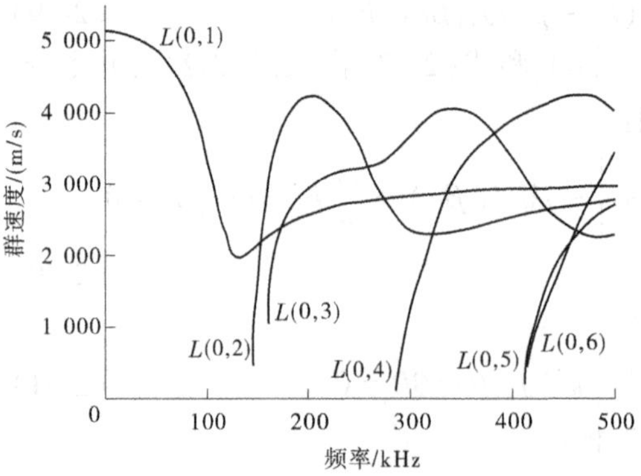

(a) 群速度

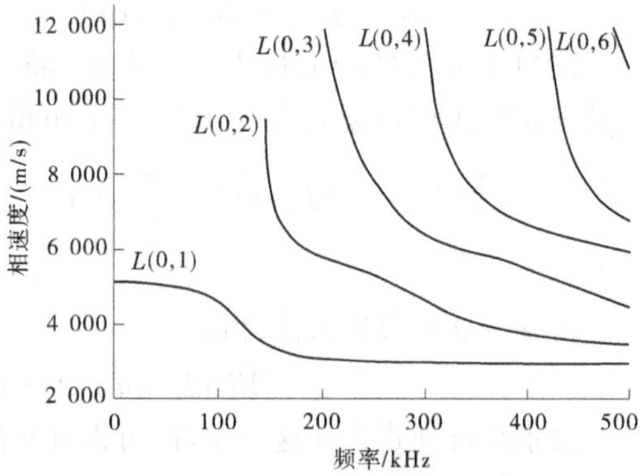

(b) 相速度

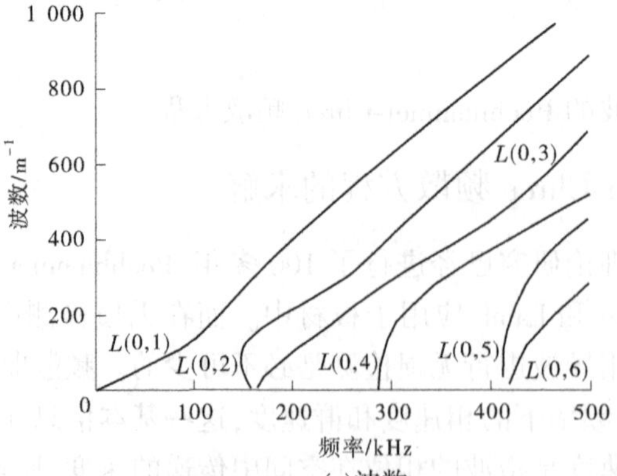

(c) 波数

图 2-2 自由锚杆中群速度、相速度和波数的频散特性

从图 2-2 中求解的自由锚杆的群速度、相速度和波数的频散曲线可知,在 500 kHz 频率范围内,随着频率的增加,自由锚杆中会有新模态的纵向导波陆续出现,总共 6 个模态,这

就是纵向导波的多模态现象,并且随着频率的变化每个模态纵向导波的群速度、相速度和波数都不相同,在低频阶段,只有 $L(0,1)$ 模态的导波出现,而其他模态的导波都存在截止频率。

在不同模态的导波中,低于其截止频率,导波很快衰减而不能传播,高于其截止频率,导波才开始传播。因此可以选择一个把具有截止频率的模态都衰减掉的频率段,从而使接收到的检测信号中模态量减小,理想状态下只有一个模态出现,这样有助于检测信号的分析。同时从图 2-2 中可以看出,当频率为 145 kHz 时,$L(0,2)$ 模态的导波才出现,因此当频率大于 145 kHz 时,模态数量逐渐增多,从而增加了信号分析的复杂性,不利于锚杆锚固质量及缺陷的检测。因此,对于自由锚杆来说,在 0~145 kHz 频率范围内导波只有一个模态出现,这样便于检测信号的分析,即便于确定锚杆的锚固质量和缺陷的位置。

2.3 锚固锚杆中纵向导波的频散方程及求解

2.3.1 锚固锚杆中纵向导波的频散方程

锚固锚杆系统模型如图 2-3 所示,锚固锚杆系统具有 3 种介质:锚杆、锚固剂(水泥砂浆)和混凝土。锚杆、锚固剂和混凝土半径分别为 r_1、r_2 和 r_3,λ_i、μ_i 和 ρ_i($i=1,2,3$,其中 1、2、3 分别代表锚杆、锚固剂和混凝土)为拉梅常数和密度。

图 2-3 锚固锚杆系统模型

在锚杆与锚固剂交界面 $r = r_1$ 处,位移和应力应满足连续性条件:

$$u_r^b \big|_{r=r_1} = u_r^m \big|_{r=r_1}, \quad u_z^b \big|_{r=r_1} = u_z^m \big|_{r=r_1} \tag{2-43}$$

$$\sigma_{rr}^b \big|_{r=r_1} = \sigma_{rr}^m \big|_{r=r_1}, \quad \sigma_{rz}^b \big|_{r=r_1} = \sigma_{rz}^m \big|_{r=r_1} \tag{2-44}$$

将式(2-36)~式(2-39)代入以上边界条件得:

$$-\alpha_1 A_1 J_1(\alpha_1 r_1) - \beta_1 B_1 i k_1 J_1(\beta_1 r_1) + \alpha_2 A_2 J_1(\alpha_2 r_1) + \beta_2 B_2 i k_2 J_1(\beta_2 r_1) = 0 \tag{2-45}$$

$$A_1 i k_1 J_0(\alpha_1 r_1) + \beta_1^2 B_1 J_0(\beta_1 r_1) - A_2 i k_2 J_0(\alpha_2 r_1) - \beta_2^2 B_2 J_0(\beta_2 r_1) = 0 \tag{2-46}$$

$$\left[-\mu_1(\beta_1^2 - k_1^2) J_0(\alpha_1 r_1) + \frac{2\mu_1 \alpha_1}{r_1} J_1(\alpha_1 r_1) \right] A_1 +$$

$$\left[-2\mu_1 i k_1 \beta_1 J_0(\beta_1 r_1) + \frac{2 i k_1 \mu_1}{r_1} J_1(\beta_1 r_1) \right] B_1 +$$

$$\left[\mu_2(\beta_2^2 - k_2^2) J_0(\alpha_2 r_1) + \frac{2\mu_2 \alpha_2}{r_1} J_1(\alpha_2 r_1) \right] A_2 +$$

$$\left[2\mu_2 i k_2 \beta_2 J_0(\beta_2 r_1) - \frac{2 i k_2 \mu_2}{r_1} J_1(\beta_2 r_1) \right] B_2 = 0 \tag{2-47}$$

$$[-2ik_1\mu_1\alpha_1 J_1(\alpha_1 r_1)]A_1 + [(k_1^2 - \beta_1^2)\mu_1 J_1(\beta_1 r_1)]B_1 + [2ik_2\mu_2\alpha_2 J_1(\alpha_2 r_1)]A_2 -$$
$$[(k_2^2 - \beta_2^2)\mu_2 J_1(\beta_2 r_1)]B_2 = 0 \tag{2-48}$$

在锚固剂与混凝土交界面 $r=r_2$ 处,位移和应力满足连续性条件:

$$u_r^m|_{r=r_2} = u_r^c|_{r=r_2}, \quad u_z^m|_{r=r_2} = u_z^c|_{r=r_2} \tag{2-49}$$

$$\sigma_{rr}^m|_{r=r_2} = \sigma_{rr}^c|_{r=r_2}, \quad \sigma_{rz}^m|_{r=r_2} = \sigma_{rz}^c|_{r=r_2} \tag{2-50}$$

将式(2-36)~式(2-39)代入以上边界条件得:

$$-\alpha_2 A_2 J_1(\alpha_2 r_2) - \beta_2 B_2 ik_2 J_1(\beta_2 r_2) + \alpha_3 A_3 J_1(\alpha_3 r_2) + \beta_3 B_3 ik_3 J_1(\beta_3 r_2) = 0 \tag{2-51}$$

$$A_2 ik_2 J_0(\alpha_2 r_2) + \beta_2^2 B_2 J_0(\beta_2 r_2) - A_3 ik_3 J_0(\alpha_3 r_2) - \beta_3^2 B_3 J_0(\beta_3 r_2) = 0 \tag{2-52}$$

$$\left[-\mu_2(\beta_2^2 - k_2^2)J_0(\alpha_2 r_2) + \frac{2\mu_2\alpha_2}{r_2}J_1(\alpha_2 r_2)\right]A_2 +$$
$$\left[-2\mu_2 ik_2\beta_2 J_0(\beta_2 r_2) + \frac{2ik_2\mu_2}{r_2}J_1(\beta_2 r_2)\right]B_2 +$$
$$\left[\mu_3(\beta_3^2 - k_3^2)J_0(\alpha_3 r_2) + \frac{2\mu_3\alpha_3}{r_2}J_1(\alpha_3 r_2)\right]A_3 +$$
$$\left[2\mu_3 ik_3\beta_3 J_0(\beta_3 r_2) - \frac{2ik_3\mu_3}{r_2}J_1(\beta_3 r_2)\right]B_3 = 0 \tag{2-53}$$

$$[-2ik_2\mu_2\alpha_2 J_1(\alpha_2 r_2)]A_2 + [(k_2^2 - \beta_2^2)\mu_2 J_1(\beta_2 r_2)]B_2 + [2ik_3\mu_3\alpha_3 J_1(\alpha_3 r_2)]A_3 -$$
$$[(k_3^2 - \beta_3^2)\mu_3 J_1(\beta_3 r_2)]B_3 = 0 \tag{2-54}$$

在混凝土外表面 $r=r_3$ 处为自由边界条件,

$$\sigma_{rr}^c|_{r=r_3} = 0, \quad \sigma_{rz}^c|_{r=r_3} = 0 \tag{2-55}$$

将式(2-36)~式(2-39)代入以上边界条件得:

$$\left[-\mu_3(\beta_3^2 - k_3^2)J_0(\alpha_3 r_3) + \frac{2\mu_3\alpha_3}{r_2}J_1(\alpha_3 r_3)\right]A_3 +$$
$$\left[-2\mu_3 ik_3\beta_3 J_0(\beta_3 r_3) + \frac{2ik_3\mu_3}{r_2}J_1(\beta_3 r_3)\right]B_3 = 0 \tag{2-56}$$

$$[-2ik_3\mu_3\alpha_3 J_1(\alpha_3 r_3)]A_3 + [(k_3^2 - \beta_3^2)\mu_3 J_1(\beta_3 r_3)]B_3 = 0 \tag{2-57}$$

式(2-43)、式(2-44)、式(2-49)、式(2-50)和式(2-55)中,上标 b、m 和 c 分别代表锚杆、锚固剂和混凝土。

根据以上边界条件建立一组特征方程,方程的矩阵形式为

$$[M_{ij}][N] = 0 \quad (i,j = 1,2,\cdots,10) \tag{2-58}$$

其中,$[N] = [A_1, B_1, A_2, B_2, A_3, B_3, 0, 0, 0, 0]$;$[M_{ij}]$ 为 10×10 的系数矩阵,为了使特征方程有非零解,其系数行列式必须为 0,即

$$[M_{ij}] = 0 \tag{2-59}$$

式(2-59)即为纵向轴对称导波在锚固锚杆系统中传播的频散方程。根据边界条件建立三维柱坐标下锚固锚杆中纵向轴对称导波的频散方程并进行数值求解,可得到纵向导波的频散曲线并给出频率与群速度、相速度和波数间的关系。

2.3.2 锚固锚杆中纵向导波频散方程求解

在锚固锚杆系统中,根据表2-1中3种介质的力学参数,同样利用GUIGUW程序可求得锚固锚杆系统中纵向导波的Pochhammer-Chree频散方程,得到锚固锚杆的频散曲线。锚固锚杆系统中纵向导波的求解结果分别如图2-4所示,从图2-4中求解的锚固锚杆的群速度、相速度和波数的频散曲线可知,在0~200 kHz,共有8种模态导波出现,而在频率范围为0~22 kHz,只有$L(0,1)$模态出现,当频率超过22 kHz,导波中模态量增多。通过确定$L(0,1)$模态下的频率,减少了导波的模态量,便于检测信号的分析。

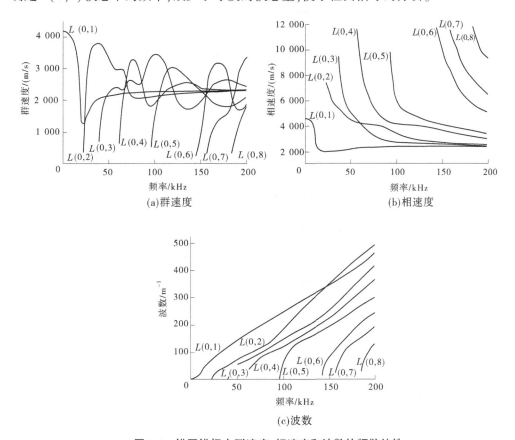

图 2-4　锚固锚杆中群速度、相速度和波数的频散特性

2.4 锚杆拉拔及应力波检测试验装置和测试方法

2.4.1 试验装置介绍

本书主要试验采用的是由东北大学自主研制的锚杆拉拔及应力波检测试验装置(见图2-5),该试验装置可在锚杆拉拔过程中检测锚杆中的应力波传播规律。其由三部分组成:加载装置、围压装置、数据采集和储存系统。

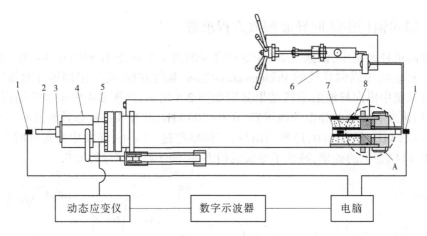

1—激光位移传感器;2—锚杆;3—锚具;4—空心液压千斤顶;5—载荷传感器;6—水压泵;7—应变片;8—混凝土试样。

(a)示意图

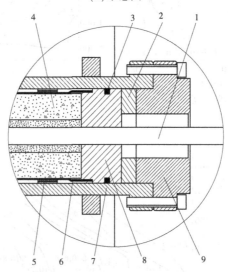

1—锚杆;2—调整垫片;3—密封圈;4—混凝土;5—定心乳胶套;6—热缩管;7—承压筒;8—密封挡块;9—法兰端盖。

(b)A处局部图

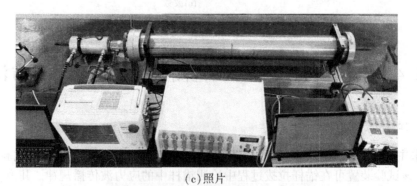

(c)照片

图2-5 锚杆拉拔及应力波检测试验装置

锚杆拉拔及应力波检测试验机的加载装置主要包括自主改进的最大载荷为300 kN、最大量程为300 mm的手动式空心液压千斤顶和自主研制的水压泵。利用空心液压千斤顶对锚杆施加拉拔载荷,利用水压泵对锚固锚杆试样施加围压,围压数值大小由水压泵上的压力表记录。

围压装置为圆柱筒形结构即承压筒,其材料为321不锈钢,可承受最大为20 MPa的围压。承压筒内部用于放置锚固锚杆试样,在锚固锚杆试样的两端上装有密封挡块,在密封挡块和承压筒内筒壁之间加装有密封圈,锚固锚杆试样及密封挡块外部包覆有热缩管,用以密封试样,防止液体进入试样内部而泄漏,从而导致加不上围压。在装置两端筒口,利用20个高强度螺栓把法兰端盖固定安装在承压筒上,使试样完全密封于筒内。围压装置放置于可移动支架上,便于自由移动。

数据采集和储存系统主要包括上海振丹传感器仪表厂生产的YLR-3FK空心压式负荷传感器、日本OPTEX集团生产的CD33系列激光位移传感器、湘潭天鸿检测科技有限公司生产的超声波检测仪、邢台金志传感元件厂生产的120 Ω 电阻式应变片、日本横河电机株式会社生产的DL750数字示波记录仪、江苏泰斯特电子设备制造有限公司生产的动态应变仪和静态应变仪及联想集团生产的微型计算机。在试验过程中,空心压式负荷传感器与静态应变仪连接以测量载荷;利用激光位移传感器记录锚杆在加载端和自由端相对于混凝土试样的移动位移;锚杆上应变通过应变片测量且被动态应变仪放大;利用超声波发生器激发超声波并被接收传感器接收。应变信号和超声波信号均被DL750数字示波记录仪采集和记录,以及所有信号储存于微型计算机中。

2.4.2 测试方法

利用锚杆拉拔及应力波检测装置对锚杆进行拉拔和应力波检测,其主要步骤如下:

步骤一:把承压筒两端筒口的法兰端盖卸下,将制备好的试样(如果需要施加围压,则要利用热缩管对试样进行密封)送入承压筒内,然后重新把法兰端盖固定安装回承压筒,完成试样的固定装配工作。

步骤二:在承压筒一侧的锚杆上依次安装压力传感器、空心液压千斤顶、锚具,将激光位移传感器安装到锚杆两端,用以测量锚杆的位移。

步骤三:如果考虑围压的作用,将水压泵的出水口与法兰端盖上的注水口相导通;如果不考虑围压作用,则此步骤省略。

步骤四:在未施加拉拔载荷和围压时,利用超声导波对锚杆进行锚固质量或缺陷的检测。

步骤五:如果考虑围压作用,则利用水压泵向承压筒内注入水以对试样施加围压到某一值,围压通过水压泵上的压力表进行读取,然后利用超声导波对锚固锚杆试样进行检测;如果不考虑围压作用,则此步骤省略。

步骤六:利用空心液压千斤顶对锚杆施加拉拔载荷,通过压力传感器测量拉拔载荷,同时通过位移传感器测量锚杆在拉拔过程中的位移量,通过应变片测量锚杆的变形量;当拉拔载荷达到某一值时,保持此拉拔载荷不变,利用超声导波对锚杆进行锚固质量或缺陷的检测。

步骤七：在锚杆完全发生滑移后，再一次利用超声导波对锚杆进行锚固质量或缺陷的检测。

步骤八：根据测试结果，对锚杆中载荷传递行为和不同应力作用下超声导波在锚固锚杆中的传播过程进行分析，以检测锚固锚杆系统中缺陷位置和确定锚杆锚固质量。

2.5 小　结

本章首先对超声导波在自由锚杆中的传播进行了理论分析，并对自由锚杆和锚固锚杆中超声导波的频散特性进行求解，得到锚杆中的群速度、相速度、波数与频率的关系，有利于选出最优激发频率，减少超声导波传播过程中的模态量，有利于信号分析，为第 4~6 章的数值模拟提供理论基础。最后介绍了自主研发的锚杆拉拔及应力波检测装置和试验步骤，为第 3~6 章中的试验部分提供条件。

第3章 全长锚固锚杆载荷传递行为研究

3.1 引 言

锚杆在服役期间,经常会受到不同应力波的作用,应力波在锚杆中的传播与锚杆的滑移破坏是相互作用的。应力波在锚杆中传播会引起锚杆弯曲变形、拉伸或剪切破坏,失去锚固作用,导致锚固岩体出现裂隙甚至发生滑移破坏;锚固岩体的滑移破坏进一步引起锚杆失效,应力波贯穿于二者之中。由于锚杆是时刻受力作用的,因此在对锚固锚杆系统中缺陷及锚杆锚固质量进行无损检测之前,要充分了解全长锚固锚杆中载荷传递行为及其破坏模式,便于快速、准确地检测出锚固锚杆系统中的状态。在锚杆拉拔过程中,锚杆径向压力发生变化引起锚杆与锚固剂之间的摩擦力改变,这主要由锚固剂和岩体的力学性质、锚固剂强度、锚孔内壁的粗糙程度和锚杆表面形状决定的。事实上,在锚杆和围岩体之间的载荷传递是通过界面剪切阻力实现的。随着载荷的增加,锚杆和锚固剂之间的界面依次经历化学黏附、机械互锁和摩擦而解耦。正如1.2.3节中描述的一样,锚固长度是一个影响锚杆黏结强度和破坏模式的关键因素。到目前为止大多数研究者只是针对锚固长度在50~1 000 mm的锚杆进行分析其载荷传递行为,这与现场应用中的锚杆长度相比要短,不能真实地反映现场锚杆的载荷传递行为。同时,具有较长锚固长度的锚杆中应力状态和破坏模式显然是和较短锚固长度的锚杆不一样的。因此,在本章的研究中,主要考虑锚杆具有较长锚固长度,以此评估锚杆的载荷传递行为。同时,锚固长度长的锚杆可以满足测量锚杆中应力波传播规律以检测锚杆锚固缺陷及评估锚杆锚固质量(应力波传播规律将在第4~6章中描述)。在试验室试验中,锚固锚杆系统破坏过程中的应力状况是很难记录下来的,虽然有一些物理模型可以很好地描述这个过程,但是这些研究主要关注于锚杆处于弹性状态和界面滑移,而忽略了混凝土或锚固剂的破坏,因此在本章中利用数值模拟方法描述锚固锚杆系统的破坏过程。

3.2 试验材料及模型制作

3.2.1 试验材料

具有3种直径(18 mm、20 mm和25 mm)的锚杆通过水泥砂浆锚固于用于模拟围岩体的混凝土中(采用混凝土模拟围岩体主要由于试样较大,岩石试样制作不方便且效果不好)。混凝土试样的直径和长度分别为150 mm和1 500 mm。锚杆的总长为2 500 mm,其中只有1 500 mm锚固于混凝土中。锚固锚杆系统试样的详细信息如表3-1所示(试样分别标记为D25-T7、D25-T14和D25-T28),其中如标签D18-T28表示直径为18

mm 及锚固剂固化时间为 28 d 的锚固锚杆系统试样。

表 3-1 锚固锚杆系统试样的详细信息

试样	锚孔直径/mm	锚杆长度/mm	黏结长度/mm	锚固剂	围岩材料
D18-T28	33	2 500	1 500	水泥砂浆	混凝土
D20-T28	35	2 500	1 500	水泥砂浆	混凝土
D25-T7	40	2 500	1 500	水泥砂浆	混凝土
D25-T14	40	2 500	1 500	水泥砂浆	混凝土
D25-T28	40	2 500	1 500	水泥砂浆	混凝土

混凝土采用 C40 强度等级,其原材料分别为:①产于沈阳山水工源水泥有限公司的 28 d 抗压强度为 42.5 MPa 的普通硅酸盐水泥;②直径为 0.3~1.18 mm 的天然河砂作为细骨料;③直径为 5~20 mm 鹅卵石作为粗骨料;④自来水。混凝土试样的配合比为:水泥:水:细骨料:粗骨料 = 1:0.47:1.3:3.02。

利用水泥砂浆作为锚固剂,其原材料包括:①产于沈阳山水工源水泥有限公司的 28 d 抗压强度为 42.5 MPa 的普通硅酸盐水泥;②直径为 0.3~0.6 mm 的天然河砂作为细骨料;③自来水。根据之前的研究结果表明在高强度水泥砂浆下锚杆在发生滑移之前杆体会发生断裂,因此为了确保锚杆发生滑移前杆体不发生破坏和更容易把水泥砂浆注入锚孔中而采用的水泥砂浆配合比为:水泥:水:细骨料 = 1:1:3.2。

混凝土和水泥砂浆的配合比如表 3-2 所示。

表 3-2 混凝土和水泥砂浆配合比

原料	水	水泥	砂	石
混凝土	0.47	1	1.3	3.02
水泥砂浆	1	1	3.2	0

3.2.2 模型制作

为了模拟现场试验,试样的制作过程为:首先把直径分别为 33 mm、35 mm 和 40 mm 的圆钢置于对开的钢模中心,然后浇筑混凝土并同时用振动棒振动,确保混凝土中气泡排出;混凝土试样养护 2 d 后,把圆钢拔出,试样脱模并在试验室内养护 28 d 到其强度稳定;最后利用水泥砂浆把锚杆锚固于孔中心,分别再养护 7 d、14 d 和 28 d 后进行试验。

在锚杆表面沿着轴向方向上贴有 7 组应变片(分别标记为 SG1、SG2、SG3、SG4、SG5、SG6 和 SG7)用以检测试验过程中锚杆在锚固段的应变变化,如图 3-1 所示。SG1 与加载端距离为 50 mm,SG7 与自由端距离为 50 mm,其他相邻两个应变片之间的距离为 200~250 mm。

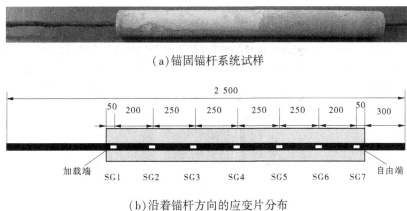

(a) 锚固锚杆系统试样

(b) 沿着锚杆方向的应变片分布

图 3-1 试样详细图 （单位：mm）

3.3 试验过程

试验过程如 2.4.2 节中不考虑围压作用下的拉拔试验步骤一样，利用空心液压千斤顶对锚杆施加拉拔载荷，并利用空心载荷传感器测量载荷，利用激光位移传感器测量拉拔过程中锚杆的位移，利用应变片测量拉拔过程中锚杆的应变，拉拔载荷、位移和应变数值均通过应变仪储存于电脑中。

3.4 试验结果与分析

3.4.1 破坏模式分析

直径同为 25 mm 的锚固锚杆系统试样破坏模式如图 3-2 所示。当锚杆直径和锚固长度一致时，破坏模式随着锚固剂固化时间的不同而变化。D25-T7 试样和 D25-T14 试样的破坏模式同为锚杆被拔出而混凝土没有发生破裂，这主要由于锚杆和水泥砂浆之间的黏结强度不足和试样内部径向力太低而不能引起混凝土破裂。D25-T28 试样的破坏模式是锚杆被拔出并伴随着平行于锚杆方向的混凝土部分劈裂破坏，从以上 3 种破坏模式中可知，锚固锚杆系统的破坏和锚固剂强度有关。

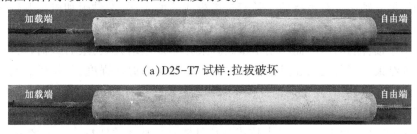

(a) D25-T7 试样：拉拔破坏

(b) D25-T14 试样：拉拔破坏

图 3-2 不同直径锚杆的破坏模式

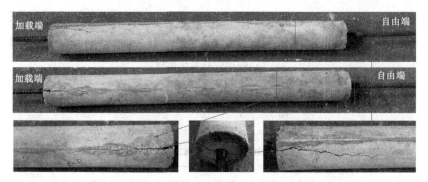

(c) D25-T28 试样锚杆拉拔破坏和混凝土部分劈裂破坏

续图 3-2

除锚固剂强度外,劈裂破坏模式主要由锚杆上肋的存在引起水泥砂浆发生剪胀。当带肋锚杆在拉拔载荷作用下发生移动时,引起锚杆周围水泥砂浆发生剪胀,导致水泥砂浆的径向位移增大。随着锚杆的移动,水泥砂浆首先发生损伤,然后在加载端被内部压力压碎。随着锚杆的滑移,水泥砂浆碎屑从锚孔中滑出而没有聚集在加载端的锚孔中,因此在锚孔口处作用于混凝土上的载荷相对较小。随着拉拔载荷的进一步增大,载荷向自由端传递,因此作用于自由端锚杆上的力逐渐增大,这样就诱导肋压碎水泥砂浆并积聚于锚孔中,引起楔塞作用并导致其集中于黏结区端部(锚固系统自由端)而引起更大的内部径向压力作用于混凝土上。当径向压力超过混凝土的拉伸强度时,内部裂纹快速产生并扩展到混凝土表面,产生较大的爆破力。劈裂裂纹在混凝土的自由端面形成并延伸到加载端。这种现象与 Li et al. 研究的结果相似,但是在本书的研究中,与 Li et al. 研究的不同之处是:由于锚固长度较长,劈裂裂纹集中于锚固系统试样自由端而没有全部贯穿混凝土。混凝土上劈裂裂纹降低了试样刚度,在混凝土表面有两个裂纹,导致径向力降低。在裂纹传播过程中,混凝土部分或完全劈裂主要依赖于锚固长度和锚固剂强度。同时,锚杆表面显著地被水泥砂浆碎屑包裹着。

3.4.2 载荷传递行为分析

3.4.2.1 锚杆直径对载荷传递行为的影响

具有不同直径锚杆的锚固系统中锚杆上轴向载荷传递行为如图 3-3 所示。由于锚杆和水泥砂浆间完美的黏结,载荷-位移曲线首先以很高的初始斜率开始上升,在此时,化学黏附和机械互锁还没有被扰动。随着拉拔载荷的增大,化学黏附和机械互锁作用被充分地调动起来并组合形成主要的阻力机制作用于系统中,直到锚杆与水泥砂浆之间的黏结失效。由于锚杆肋的承压而作用于水泥砂浆并导致黏结失效,最后载荷在锚杆和围岩体间的传递结束。当剪切力超过锚杆和水泥砂浆界面的剪切强度,且拉拔载荷未达到锚杆的极限强度,拉拔失效发生而锚杆没有被拉断。由于锚杆和水泥砂浆之间的摩擦作用,锚杆具有残余强度并承担一定的支护能力。

从图 3-3 中也可以发现,在最大拉拔载荷处锚杆位移随着锚杆直径的增加而降低,即 D18-T28 试样的位移大于 D25-T28 试样的位移。这种现象是合理的,因为大直径锚杆提供较大的表面积阻止作用于锚杆上的拉拔力,因此防止锚杆滑移的能力要比小直径锚杆的强。

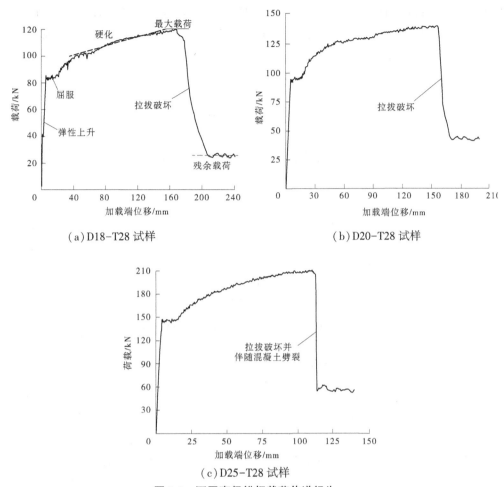

(a) D18-T28 试样　　(b) D20-T28 试样

(c) D25-T28 试样

图 3-3　不同直径锚杆载荷传递行为

3.4.2.2　锚固剂固化时间对载荷传递行为的影响

为了分析锚固剂固化时间对载荷传递行为的影响,采用 3 种不同水泥砂浆锚固时间的锚固系统试样进行拉拔试验,结果如图 3-4 所示。从图 3-4 中可知,不论水泥砂浆锚固时间多长,拉拔载荷都随锚杆在加载端的滑移而增大。同时,随着锚杆滑移的增大,锚杆经历了弹性上升、屈服和硬化阶段且整个锚杆发生滑移时而没有断裂。随着水泥砂浆锚固时间的增加,拉拔载荷的峰值增加,但是 D25-T28 试样的残余强度低于 D25-T7 试样和 D25-T14 试样的,D25-T7 试样的残余强度也低于 D25-T14 试样的,这种现象与水泥砂浆强度和试样的破坏模式有关。D25-T7 试样和 D25-T14 试样的破坏模式是锚杆发生完全拉拔失效。由于固化时间 14 d 的水泥砂浆强度高于固化时间 7 d 的,锚杆与水泥砂浆之间的化学黏附和机械互锁作用越来越显著,以致锚杆和水泥砂浆之间的黏结更加紧密,二者间的摩擦系数增大,摩擦力增大,因此残余强度更高。D25-T28 试样的残余强度要低于 D25-T7 试样和 D25-T14 试样的,主要由于其破坏模式是混凝土部分劈裂失效和锚杆拉拔失效相结合的。在劈裂区域,锚杆和水泥砂浆接触面积减小并对黏结强度产生一定的消极作用。如图 3-4 所示,在劈裂发生之前,D25-T28 试样的载荷-位移响应与 D25-T7

试样和 D25-T14 试样的相似。水泥砂浆强度并不影响弹性阶段的锚杆与水泥砂浆界面的刚度。劈裂破坏的发生导致锚杆和水泥砂浆之间的接触面积降低而使载荷能力突然降低,承受的残余载荷降低。

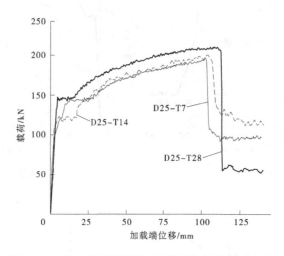

图 3-4 水泥砂浆不同锚固时间的锚杆载荷传递行为

3.4.3 锚杆中应变分布分析

锚杆在锚固段上的应变通过应变片测量。以 D20-T28 试样为例,应变分布如图 3-5 所示。在试验过程中,应变片随着拉拔力的增大而逐渐损坏,只记录到载荷在 120 kN 下的应变值。从图 3-5 中可知,随着载荷的增加,应变增大。在相同载荷作用下,应变从加载端到自由端逐渐趋于 0。在弹性阶段,仅有相对较小的应变,且有限的锚杆锚固长度调动起来用以传递载荷到围岩体。随着拉拔载荷的增大,应力逐渐传递到锚固系统自由端。而在非弹性阶段,载荷从 100 kN 到 120 kN,应变增加得更快,这与 Li et al. 研究的结果相一致,在非弹性阶段,仅需较小的力使锚杆就可以发生更大的位移或伸长。

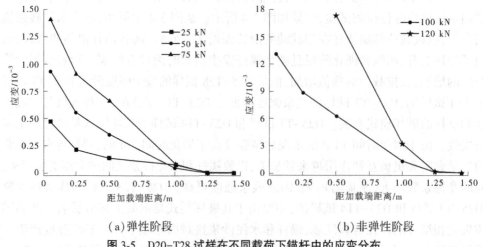

(a) 弹性阶段　　　　　　　　　　(b) 非弹性阶段

图 3-5 D20-T28 试样在不同载荷下锚杆中的应变分布

3.4.4 拉拔过程中锚杆能量耗散关系

锚杆拉伸的过程即是能量吸收的过程,而能量吸收的多少能够反映出锚杆力学性质的好坏。根据热力学第一定律,黏结破坏过程中外力所做的功全部用来引起界面内能的变化,也即机械能全部转化为了界面内能的变化量。存储在水泥砂浆中的应变能在试验中很难测到并且其所占比例非常少,因此以应变能方式存储在水泥砂浆中由拉拔载荷 P 所做的功忽略不计。略去加载过程中的能量损耗,外力所做的功在数值上就等于积蓄在锚杆中的应变能。锚杆在拉拔过程中吸收的能量为 W,则

$$W = V \times \int_0^\varepsilon \sigma \mathrm{d}\varepsilon = \int_0^s P \mathrm{d}s \tag{3-1}$$

式中:V 为锚杆体积;σ、ε 和 s 分别为锚杆轴向应力、应变和在加载端的位移。

以直径 25 mm 的锚杆为例,计算不同锚固时间的锚杆拉拔位移从 0 到 140 mm 过程中锚杆所吸收的能量,如图 3-6 所示。在最终位移相同条件下,试样 D25-T7、D25-T14 和 D25-T28 总的吸收能量分别为 20.57 kJ、21.85 kJ 和 22.2kJ。在锚杆发生滑移之前,试样 D25-T7、D25-T14 和 D25-T28 吸收能量分别为 17.22 kJ、18.21 kJ 和 20.67 kJ。当锚杆直径一致时,锚杆在拉拔过程中吸收能量随着水泥砂浆强度的增大而增多,但是 D25-T14 试样和 D25-T28 试样相对于 D25-T7 试样总的吸收能量比值增加较少,分别为 6.22% 和 7.92%。而在锚杆发生滑移之前,吸收能量分别增加了 5.75% 和 20.03%。

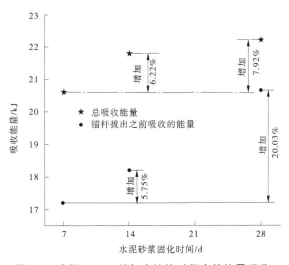

图 3-6 直径 25 mm 锚杆在拉拔过程中的能量吸收

以上现象的出现与水泥砂浆强度和试样破坏模式有关。锚杆发生滑移之前,随着水泥砂浆固化时间的增长,水泥砂浆强度增大,导致锚杆和水泥砂浆界面之间接触得更加紧密,因此需要吸收更多的能量使其界面发生滑移。而由于 D25-T28 试样的破坏模式为混凝土部分劈裂失效和锚杆拉拔失效,并且在劈裂区域,锚杆与水泥砂浆的接触面积减小并对黏结行为产生了消极影响,导致吸收能量降低。D25-T7 试样、D25-T14 试样和 D25-T28 试样在锚杆发生滑移后吸收能量分别为 3.35 kJ、3.64 kJ 和 1.53 kJ。总而言之,在锚杆发生滑移后,D25-T28 试样吸收的能量是有限的。

3.5 数值分析锚固锚杆系统破坏过程及影响因素

3.5.1 数值模型的建立

3.5.1.1 水泥砂浆、混凝土和锚杆的建模

本书用以模拟准脆性材料(如混凝土和水泥砂浆)力学性能的混凝土损伤塑性模型(CDPM)是 Lee and Fenves 在 1998 年引入到有限元软件 ABAQUS 中的。混凝土损伤塑性模型考虑各向同性损伤弹性并联合考虑各向同性拉伸和压缩塑性代表混凝土的非弹性行为,此模型有较大优势和数值能力。

混凝土损伤塑性模型引入损伤变量,通过损伤塑性确定混凝土的单轴拉压本构关系,对混凝土的弹性模量加以折减,以模拟混凝土卸载刚度随应变增大而退化的特点。该模型假定混凝土材料的破坏是拉伸开裂和压缩破碎而导致的,其屈服面和破坏面的演化是由 $\tilde{\varepsilon}_c^{pl}$(等效塑性压应变)和 $\tilde{\varepsilon}_t^{pl}$(等效塑性拉应变)两个变量控制的。损伤塑性模型中的压缩和拉伸本构关系如图 3-7 所示。

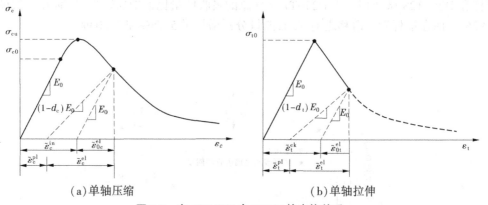

(a)单轴压缩　　　　　　　　(b)单轴拉伸

图 3-7　在 ABAQUS 中 CDPM 的本构关系

在图 3-7(a)中,σ_{c0} 为初始屈服应力,σ_{cu} 为极限应力,E_0 为弹性模量,d_c 为压缩损伤变量,$\tilde{\varepsilon}_c^{in}$ 为非弹性应变,$\tilde{\varepsilon}_{0c}^{el}$ 为弹性应变,$\tilde{\varepsilon}_c^{el}$ 为等效弹性压应变。在图 3-7(b)中,σ_{t0} 为极限拉应力,d_t 为拉伸损伤变量,$\tilde{\varepsilon}_t^{ck}$ 为开裂应变,$\tilde{\varepsilon}_{0t}^{el}$ 为弹性应变,$\tilde{\varepsilon}_t^{el}$ 为等效弹性拉应变。

在模型中,对于混凝土单轴压缩而言,当混凝土强度达到初始屈服应力之前为线弹性的,而屈服后便是硬化段,超过极限应力后便为应变软化。

非弹性应变与总应变的关系如下:

$$\tilde{\varepsilon}_c^{in} = \varepsilon_c - \tilde{\varepsilon}_{0c}^{el} \tag{3-2}$$

其中

$$\tilde{\varepsilon}_{0c}^{el} = \frac{\sigma_c}{E_0} \tag{3-3}$$

通过压缩损伤曲线,可将非弹性应变转化为等效塑性压应变:

$$\tilde{\varepsilon}_c^{pl} = \tilde{\varepsilon}_c^{in} - \frac{d_c}{1-d_c}\frac{\sigma_c}{E_0} \qquad (3\text{-}4)$$

因此,可得压应力的计算公式:

$$\sigma_c = (1-d_c)E_0(\varepsilon_c - \tilde{\varepsilon}_c^{pl}) = (1-d_c)E_0\tilde{\varepsilon}_c^{el} \qquad (3\text{-}5)$$

从而得出有效压应力:

$$\overline{\sigma}_c = \frac{\sigma_c}{1-d_c} = E_0(\varepsilon_c - \tilde{\varepsilon}_c^{pl}) \qquad (3\text{-}6)$$

当受到拉力作用时,混凝土材料应力在没有达到开裂荷载之前,其应力-应变关系呈线性关系,当所遭受荷载超过开裂荷载之后,混凝土材料进入软化阶段。(与压缩一样,可求得拉应力和有效拉应力)其开裂应变为

$$\tilde{\varepsilon}_t^{ck} = \varepsilon_t - \tilde{\varepsilon}_{0t}^{el} \qquad (3\text{-}7)$$

其中

$$\tilde{\varepsilon}_{0t}^{el} = \frac{\sigma_t}{E_0} \qquad (3\text{-}8)$$

将开裂应变转化为塑性应变:

$$\tilde{\varepsilon}_t^{pl} = \tilde{\varepsilon}_t^{ck} - \frac{d_t}{(1-d_t)}\frac{\sigma_t}{E_0} \qquad (3\text{-}9)$$

因此,可得拉应力为

$$\sigma_t = (1-d_t)E_0(\varepsilon_t - \tilde{\varepsilon}_t^{pl}) = (1-d_t)E_0\tilde{\varepsilon}_t^{el} \qquad (3\text{-}10)$$

则可得有效拉应力为

$$\overline{\sigma}_t = \frac{\sigma_t}{1-d_t} = E_0(\varepsilon_t - \tilde{\varepsilon}_t^{pl}) \qquad (3\text{-}11)$$

根据 3.4 节的试验结果,锚杆经历了弹性上升、屈服和硬化阶段,完全发生滑移而没有断裂。因此,在 ABAQUS 软件中把锚杆设置为弹塑性材料。混凝土、水泥砂浆和锚杆的材料参数见表 2-1。

3.5.1.2 界面黏结行为的建立

在 ABAQUS 中,界面黏结行为可以利用牵引-分离法则的内聚力单元或基于内聚力行为的面模拟。由于锚杆与水泥砂浆间界面厚度非常小,并且为了减少计算机计算时间,本书采用基于内聚力行为的面模拟锚杆、混凝土和水泥砂浆界面。

在剪切方向上的内聚力行为的损伤法则(见图 3-8)被定义为以下步骤:①用线性剪切应力和滑移关系定义弹性阶段的黏结刚度;②损伤开始准则定义为最大黏结剪切力;③损伤演化法则定义为指数软化阶段。

牵引-分离行为的解耦本构关系在 ABAQUS 中表示如下:

$$T = \begin{Bmatrix} t_n \\ t_s \\ t_t \end{Bmatrix} = \begin{bmatrix} k_{nn} & 0 & 0 \\ 0 & k_{ss} & 0 \\ 0 & 0 & k_{tt} \end{bmatrix} \begin{Bmatrix} \delta_n \\ \delta_s \\ \delta_t \end{Bmatrix} = K\delta \qquad (3\text{-}12)$$

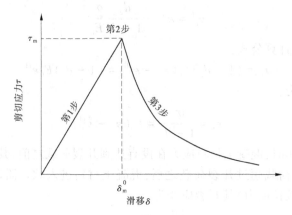

图 3-8 在剪切方向内聚力行为的损伤法则

式中：t_n 为法线方向上的名义应力；t_s 和 t_t 为在两个剪切方向上的名义应力；k_{nn}、k_{ss} 和 k_{tt} 为相应的刚度系数；δ_n、δ_s 和 δ_t 为相应位移。

k_{nn}、k_{ss} 和 k_{tt} 定义如下：

$$k_{ss} = k_{tt} = \tau_m / \delta_m^0 \tag{3-13}$$

$$k_{nn} = 100 k_{ss} = 100 k_{tt} \tag{3-14}$$

式中：τ_m 为最大剪切强度；δ_m^0 为在最大剪切强度时的位移，即损伤开始时的有效位移。

牵引-分离模型中的应力部分受损伤的影响，即

$$t_n = (1-d)\bar{t}_n \tag{3-15}$$

$$t_s = (1-d)\bar{t}_s \tag{3-16}$$

$$t_t = (1-d)\bar{t}_t \tag{3-17}$$

式中：$\bar{t}_n$、$\bar{t}_s$ 和 $\bar{t}_t$ 为由弹性牵引-分离行为的应力部分且没有发生损伤；d 为损伤变量。指数软化描述如下：

$$d = 1 - \left\{\frac{\delta_m^0}{\delta_m^{max}}\right\}\left\{1 - \frac{1-\exp\left[-\alpha\left(\dfrac{\delta_m^{max} - \delta_m^0}{\delta_m^f - \delta_m^0}\right)\right]}{1-\exp(-\alpha)}\right\} \tag{3-18}$$

式中：δ_m^f 为完全损伤时的有效位移；δ_m^{max} 为在加载过程中有效位移的最大值；α 为无量纲材料参数，用于定义损伤演化率。

在数值模拟中，利用四节点双线性缩减积分和沙漏控制的轴对称单元模型模拟锚固锚杆系统，如图3-9所示。锚杆、水泥砂浆和混凝土的直径分别为25 mm、40 mm 和 150 mm，而锚固长度不同（分别为 250 mm、750 mm 和 1 500 mm）。根据试验可知，锚杆锚固系统的边界条件是混凝土的加载端界面是固定的。基于多次尝试，发现锚杆和水泥砂浆的网格尺寸为 2 mm，而混凝土的网格尺寸为 5 mm，可以获得精确的数值结果。基于主从面关系并考虑摩擦系数的硬接触模型模拟锚杆（混凝土）和水泥砂浆间的接触。如图 3-10 所示，当接触力降为 0 时，两个面分离；当接触面间的空隙降为 0 时，两个面又重新开始接触。

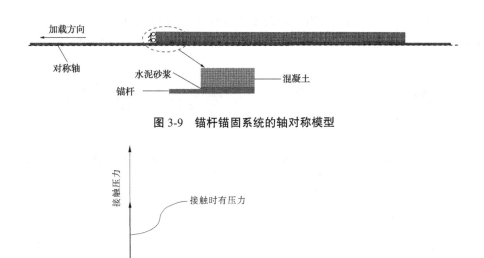

图 3-9 锚杆锚固系统的轴对称模型

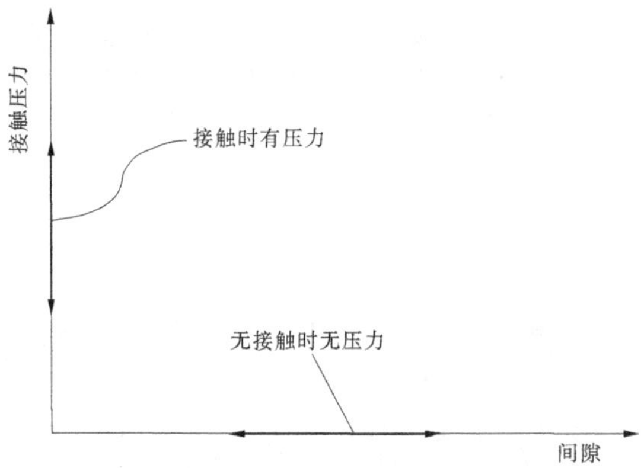

图 3-10 法线方向的面硬接触

3.5.2 锚固系统的破坏过程分析

在数值模型中,当损伤变量(刚度退化标量 SDEG)等于 1 时,刚度矩阵就会发生异常。因此,为了避免刚度矩阵异常的发生,本书最大损伤变量设置为 0.999 8。为了避免 SDPM 在 ABAQUS 中收敛困难,通过几次尝试,把黏性系数设置为 0.001。数值模拟和试验结果对比如图 3-11 所示,数值模型可以很好地模拟锚杆在拉拔过程中经历的弹性上升、屈服和硬化阶段。

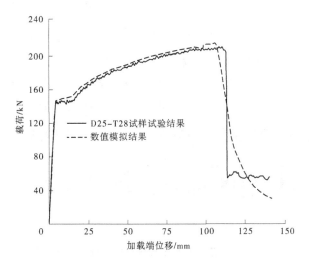

图 3-11 数值模拟和试验结果对比

在不同锚固长度下,锚杆锚固系统的破坏过程如图 3-12 所示。不论锚固长度多长,在加载初期阶段,微损伤首先发生在加载端表面,随着载荷的增加,损伤单元逐渐增多,并

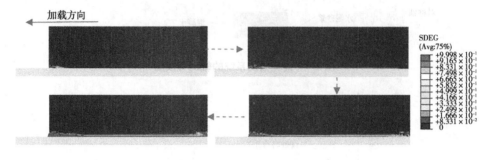

(a) 250 mm

(b) 750 mm

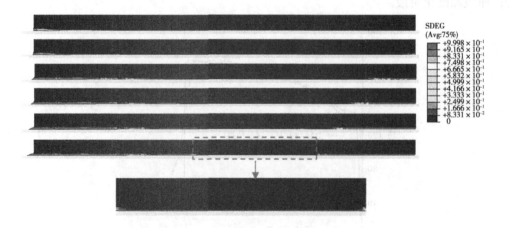

(c) 1 500 mm

图 3-12　不同锚固长度下锚杆锚固系统的破坏过程

沿着锚杆与水泥砂浆界面向锚固系统自由端扩展,伴随着水泥砂浆的损伤。如图3-12(a)所示,当锚固长度为250 mm,载荷达到一定值时,水泥砂浆和锚杆间界面完全发生损伤,自由端水泥砂浆开始有少量损伤,然后锚杆被拔出。这个现象主要由于锚杆锚固长度较短,自由端水泥砂浆还没来得及大量发生损伤,损伤已经穿过整个界面。在图3-12(b)中,当锚杆锚固长度增加到750 mm时,随着拉拔载荷的增加,远离加载端的黏结力被调动起来,微损伤向自由端扩展,随后自由端开始发生损伤并向加载端扩展。而在图3-12(c)中,锚固长度增加到1 500 mm,加载端水泥砂浆和锚杆界面首先发生损伤,随着拉拔载荷的增加,在锚杆自由端的水泥砂浆和锚杆界面也开始发生损伤,并且损伤向加载端扩展。当在两端的损伤连接时,锚杆与水泥砂浆界面完全发生损伤,锚杆被拔出。这种现象与杨奕等的试验结果相一致。最终锚固锚杆系统的破坏模式是界面脱黏和水泥砂浆压碎,这与试验结果相一致,即水泥砂浆被锚杆的肋压碎。由图3-12可知,随着锚固长度的增加,锚杆锚固系统的破坏过程从锚杆-水泥砂浆界面完全损伤时自由端水泥砂浆发生少许损伤向加载端和自由端都发生损伤并相互扩展,最后两端损伤连接转换。

3.5.3　载荷传递影响因素分析

在3.1节中提到有很多因素影响锚杆载荷传递行为,但是极少有研究者研究当锚杆发生屈服或颈缩时的临界锚固长度,同时锚杆和水泥砂浆间的摩擦影响着残余阶段的载荷。临界锚固长度和摩擦系数影响着载荷传递行为,因此采用数值模拟方法研究两种因素的影响。模型的几何尺寸(锚固长度除外)、材料参数与试样D25-T28一致。

3.5.3.1　临界锚固长度的影响

当锚杆发生屈服或明显颈缩时,临界锚固长度是一个关键因素,影响着锚杆锚固系统的稳定性。分别模拟锚固长度为250 mm、500 mm、750 mm、850 mm、860 mm、1 500 mm和1 600 mm的锚杆锚固系统,结果如图3-13所示,锚杆轴向应力和在最大轴向应力相对应的位移随着锚固长度的增加而增加。图3-13(a)为锚固长度为250~860 mm,当锚固长度为850 mm或更小时,锚杆经历了弹性变形。而当锚杆长度达到860 mm时,就出现了屈服阶段。而根据之前试验结果可知,当锚固长度为1 500 mm,锚杆经历了弹性上升、屈服、硬化阶段,但在完全脱黏时锚固锚杆没有发生断裂。但从图3-13(b)中可以看出,当锚固长度增加到1 600 mm时,锚杆发生明显的颈缩现象。由图3-13可知,随着锚固长度的增加,锚杆和水泥砂浆的接触面积增大,二者之间的黏结增强,锚杆所受拉拔载荷增大。当锚杆发生屈服时,所受拉拔载荷增速减缓,而当锚杆发生颈缩时,锚杆所受拉拔载荷不再随锚固长度的增大而增大,最后锚杆发生断裂。因此,从图3-13中可以看出860 mm是锚杆发生屈服时的临界锚固长度,1 600 mm是锚杆发生颈缩的临界锚固长度。当锚杆发生颈缩时,增加锚杆锚固长度对支护能力的提高就毫无意义了。

锚固长度为750 mm的锚杆在不同载荷作用下的轴向应力分布如图3-14所示,在相同拉拔载荷作用下,距离锚杆加载端越远,锚杆中轴向应力越小,应力逐渐从锚固系统加载端向自由端传递。而在锚固系统同一位置时,锚杆中应力随着拉拔载荷的增大而增大。

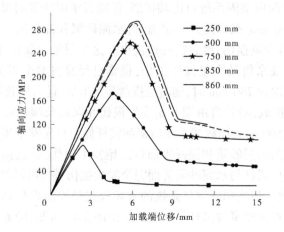

(a) 不同锚固长度下锚杆轴向应力与加载端位移关系

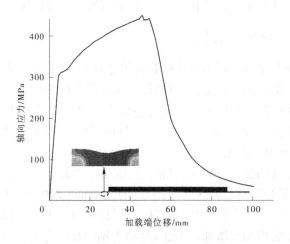

(b) 锚固长度为 1 600 mm 时,锚杆轴向应力与加载端位移关系

图 3-13　锚固长度对轴向应力的影响

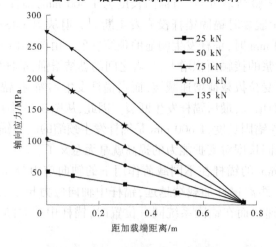

图 3-14　锚固长度 750 mm 的锚杆在不同载荷下轴向应力分布

3.5.3.2 摩擦系数的影响

锚杆和围岩体间是通过界面剪切阻力传递载荷的,但在残余阶段,界面剪切应力是由锚杆和水泥砂浆间的摩擦引起的。换言之,摩擦系数影响着锚杆的残余强度。在此数值模型中,采用锚固长度为 750 mm,摩擦系数分别设置为 0、0.1、0.2 和 0.3,而模型尺寸和材料参数同 D25-T28 试样一致,数值模拟结果如图 3-15 所示。从图 3-15 可知,无论摩擦系数多大,当锚杆发生脱黏时,锚杆中的最大拉拔载荷是相等的,但锚杆上的轴向残余应力随着摩擦系数的增大而增加,这表明了增大摩擦系数可以增强锚杆锚固系统的残余支护能力。试验和数值模拟结果表明摩擦系数和破坏模式影响着锚杆轴向残余应力。

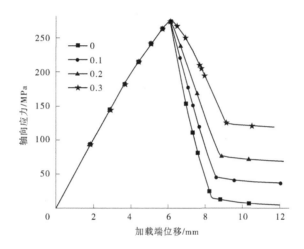

图 3-15 摩擦系数对轴向残余载荷的影响

3.6 小 结

在本章中,通过室内试验和数值模拟方法研究了全长锚固锚杆的载荷传递行为,为后面章节中研究载荷作用下锚杆中超声导波传播规律奠定基础,主要结果总结如下:

(1) D25-T7 试样和 D25-T14 试样破坏模式为锚杆拔出,而 D25-T28 试样的破坏模式为锚杆被拔出并伴随平行于锚杆轴向方向的混凝土部分劈裂破坏,破坏模式依赖于水泥砂浆强度,劈裂破坏模式是由锚杆肋的楔塞作用引起的。

(2) 随着锚杆直径的增大,锚杆最大载荷增加,而在最大载荷时相对应的位移则减小,此原因是大直径锚杆提供了大的接触面积来阻止拉拔载荷施加在水泥砂浆上。最大载荷和能量吸收随着水泥砂浆锚固时间的增加而增加,而残余载荷是不规则的,此现象与水泥砂浆强度和试样破坏模式有关。

(3) 在初期加载阶段,无论锚杆的锚固长度多长,损伤首先发生在加载端,然后沿着界面向自由端扩展,并伴随着水泥砂浆的损伤。随着锚固长度的增加,锚杆锚固系统的破坏过程从锚杆-水泥砂浆界面完全损伤时自由端发生少许损伤,向加载端和自由端都发生损伤并相互扩展,最后两端损伤连接转换。

(4)随着锚固长度的增加,锚杆与水泥砂浆的接触面积增大,二者之间的黏结增强,锚杆所受拉拔载荷增加。锚固长度 860 mm 和 1 600 mm 分别是锚杆发生屈服和颈缩的临界锚固长度,并且当锚杆发生颈缩时,持续增加锚杆锚固长度对支护能力的提高就毫无意义。通过提高锚杆与水泥砂浆间的摩擦系数可以增强锚固锚杆系统的残余支护能力。

第4章 无围压作用下锚固锚杆系统中缺陷检测研究

4.1 引 言

随着矿产开采深度的不断增加,地应力越来越大,而地应力又是采矿工程中导致围岩发生变形与破坏的根本驱动力。为了有效提高围岩的自稳能力,通常需要在围岩中注入锚杆对围岩进行支护。而在锚杆实际施工中不可避免地存在施工质量问题,如锚杆与锚固剂出现脱空、锚杆长度不足和锚杆腐蚀等,或者由于天然节理等的存在,严重影响到结构的安全性。而锚杆又会受到应力的作用,同时由于锚杆的隐蔽性,其是否含有锚固缺陷不得而知,因此很有必要研究应力作用下锚杆中锚固缺陷位置及长度。针对以上问题,本章对含有锚固缺陷的锚杆锚固系统进行拉拔试验,分析载荷传递行为,采用超声导波检测方法确定缺陷长度及位置,研究不同载荷作用下超声导波在锚杆锚固系统中的传播特性。然后利用数值模拟方法分析在不同载荷作用下锚杆轴向应力分布及演化规律和超声导波的传播规律,探讨载荷对超声导波在含有不同锚固缺陷(①相同缺陷长度和不同位置;②两个相同长度的锚固缺陷)、锚杆长度不足和岩体含有天然节理的锚杆锚固系统中传播的影响。

4.2 试验设计及步骤

锚杆采用直径为 25 mm 的螺纹钢筋,长度为 2 500 mm,其中 1 500 mm 锚固于混凝土中,具体如图 4-1 所示。锚固锚杆的制作过程和 3.2.2 节中大致一致,唯一不同的是在对锚杆进行锚固时,在锚孔中间设置长度 400 mm、距 B 端 400 mm 的缺陷。

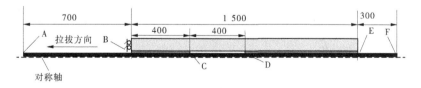

图 4-1 具有一个黏结缺陷的锚固锚杆系统模型 (单位:mm)

锚固锚杆系统超声导波检测示意图如图 4-2 所示,首先在锚杆未受轴向拉拔作用时,由超声波发生源产生电压脉冲信号,由于逆压效应(当一个不受外力作用的晶体受电场作用,其正负离子向相反的方向移动,产生了晶体的变形),脉冲信号经过 A 端(见图 4-1)压电传感器转换成振动信号,并且信号在振动过程中,由于能量的衰减,其振幅也逐渐减小,于是发射出一个超声波波包,同时激发出一个虚拟信号直接传播到数字示波器。振动信号在锚杆中以导波的形式传播并在 F 端被另一压电传感器接收,又由于正压效应[某些固体物质,在压力(拉力)作用下产生变形,从而使物质本身极化,在物体相对的表面出现正、负束缚电荷],振动信号又转换成电压信号被示波器显示并储存于计算机中。其后当载荷增加到 50 kN 并保持载荷不变及锚杆完全发生脱黏时,重复以上超声波检测步骤,然后对检测数据进行分析,确定锚固锚杆系统中缺陷位置。

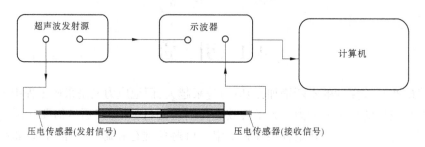

图 4-2 锚固锚杆系统的检测示意图

4.3 试验结果与分析

4.3.1 含有锚固缺陷的锚杆载荷传递行为

拉拔过程中锚杆轴向拉拔载荷与位移的关系如图 4-3 所示,由于锚固系统中有锚固缺陷的存在,锚杆没有发生屈服、硬化,而是随着拉拔载荷的增大,锚杆中载荷线性增长直到峰值载荷;然后锚杆与水泥砂浆之间界面发生软化、载荷下降和锚杆发生滑移三个阶段。

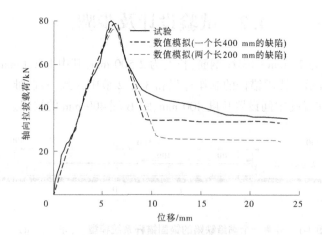

图 4-3 轴向拉拔载荷与位移的关系

4.3.2 检测信号的频谱分析

超声导波信号中的频率信息对其在锚杆中的传播是极其重要的。因此,利用傅里叶变换对接收到的信号进行频域特征分析。通过傅里叶变换,把信号分解成不同频率的光

谱。傅里叶变换是 $f(t)$ 在 $t = -\infty$ 到 $+\infty$ 的积分,即

$$F(\omega) = \int_{-\infty}^{+\infty} f(t) e^{-i\omega t} dt \tag{4-1}$$

式中：$F(\omega)$ 为 $f(t)$ 的傅里叶变换；i 为 $\sqrt{-1}$，频率变量 ω 是角频。

图 4-4 为自由锚杆的时域和频域特征,在时域,由于试验中各种因素(仪器激发效率损失、锚杆与换能器间耦合效果等)的影响,导致在自由锚杆中传播的导波能量耗散,幅值衰减。而在频域,导波在自由锚杆中的主频为 22 kHz。由于众多学者在数值模拟中均采用理想化的超声波包,因此在接下来章节中的数值模拟采用理想化的 10 周期且频率为 22 kHz 的正弦波作为激发信号。

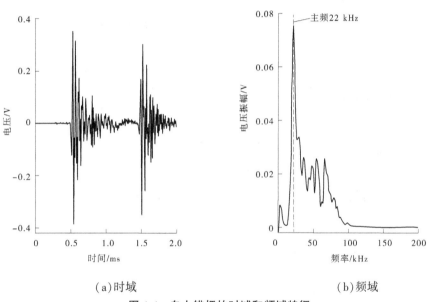

(a)时域　　　　　　　　　　　　(b)频域

图 4-4　自由锚杆的时域和频域特征

图 4-5(a) 为在不同载荷作用下锚杆中超声导波传播特性。在信号的时间拾取方面,有些学者采用不同信号波峰或波谷间的时间差,而有些学者采用不同信号的起始点之间的时间差,由于本书中试验采用一端发射另一端接收信号并且发射信号无法记录下来的原因,因此在接收端接收首波的时间拾取上采用起始点间的时间差,而后续的回波之间可以采用波峰或波谷间的时间差拾取。根据自由锚杆测试结果可知,自由锚杆的波速为 5 100 m/s,因此锚固缺陷部分锚杆波速也为 5 100 m/s。在 0 kN 载荷下,导波在锚固段波速为 4 435 m/s,则可计算出缺陷长度为 391 mm,与实际缺陷长度 400 mm 相比,误差为 2.25%。根据应力波在锚固缺陷 C 端、D 端(见图 4-1)的反射,可获得缺陷位置距加载端 430 mm,与实际距离 400 mm 的误差为 7.5%。而锚杆发生脱黏后,锚杆与水泥砂浆间界面黏结比较松散,仅靠两者之间的摩擦传递力和能量,继而导波能量衰减减少,其在锚固段波速为 4 783 m/s。在 50 kN 载荷下,根据 C 端和 D 端回波时间差及导波在锚杆中的传播速度,可求得锚杆锚固系统的黏结缺陷长度为 379 mm,与实际缺陷长度 400 mm 相比,其误差为 5.25%。在锚杆完全发生脱黏后,由于 D 端回波信号较弱,无法确定其回波时

间,因此没有求得在此状态下锚杆锚固系统的黏结缺陷长度。通过利用自由锚杆波速、无加载时锚固段锚杆波速和锚杆完全发生脱黏后锚固段波速,可获得在 50 kN 载荷下,锚杆已发生脱黏长度为 669 mm,锚杆在锚固段的平均波速为 4 647 m/s。从图 4-5(a)中可知,在 50 kN 载荷下,缺陷处回波清晰可见,在 F 端接收到的锚固缺陷处回波与首波幅值比要比在 0 kN 载荷下高,而接收到的 A 端回波幅值相对较低。由于载荷的影响,锚杆完全发生脱黏后,缺陷 D 端回波可见而 C 端则不可见,A 端回波幅值较小。

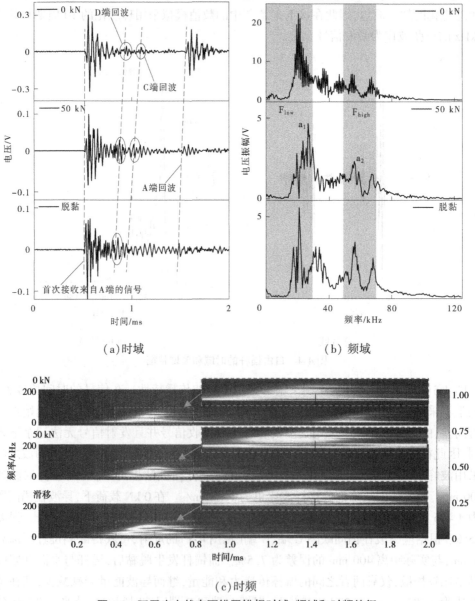

图 4-5 不同应力状态下锚固锚杆时域、频域和时频特征

图 4-5(b)为在不同载荷下锚杆中导波的频域特性,在导波传播过程中均有多个频率区域出现。在低频区域,导波在 50 kN 载荷下的频率要高于在 0 kN 载荷和锚杆完全脱黏下的频率,这与 Song and Cho 的结果一致,部分脱黏的混凝土层中应力波的频率要高于完全黏结和完全脱黏状态下的。从锚杆处于 0 kN 载荷到 50 kN 载荷作用再到完全发生脱黏状态下,由于锚杆锚固状态的改变,导致锚杆中频率发生变化。Trtnik and Gams 根据试验中超声波低频集中在 0~50 kHz 区域、高频集中在 100~150 kHz 区域的现象,把频率范围 0~50 kHz 设置为低频区域,100~150 kHz 设置为高频区域,利用超声波高、低频区域中最大振幅之差与之和的比值分析水泥浆的凝结过程。因此,本章根据试验现象把 0~30 kHz 设置为低频区域,而把 50~70 kHz 设置为高频区域。因此,可利用低频区域(F_{low})和高频区域(F_{high})中最大振幅之比[$Q=a_1/a_2$,a_1、a_2 见图 4-5(b),Q 为 Quality 首字母]来定量评估含有黏结缺陷的锚固锚杆系统的锚固质量。载荷从 0 kN 到 50 kN 再到锚杆完全脱黏,Q 值分别为 2.85、1.92 和 1.72,Q 值与锚杆脱黏长度的关系如图 4-6 所示,随着 Q 值的增加,锚杆脱黏长度呈指数关系减小,锚杆锚固质量越来越好,反之亦然。

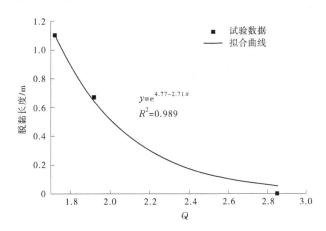

图 4-6 Q 值与脱黏长度关系

图 4-5(c)为在不同载荷作用下,导波在锚固锚杆中传播的时频特性。从图 4-5(c)中可知,在 0 kN、50 kN 载荷作用下导波中出现 3 个频率带,而在锚杆完全脱黏情况下为 4 个频率带,这种现象与 Yao et al. 的研究隧道盾构施工中预制混凝土块含有缺陷的频率分布趋势一致,具有多个频率带。而在图 4-5(b)中,在 0 kN 载荷下有 5 个频率带,和色谱图中不一致,这主要是由于 3 个频率带的振幅大致相等,导致色谱图中的颜色基本相近而区分不开。在色谱图中,0 kN 载荷作用下,3 个频带范围分别为 16~38 kHz、41~58 kHz 和 62~72 kHz,在低频带,色谱图颜色最深,而其他 2 个频带,颜色较浅,中心频率分布范围主要集中在低频 17~23 kHz,其持续时间范围在 0.3~1.0 ms,由于导波在其他时间段里的振幅太小,色谱图颜色很浅。在 50 kN 载荷下,3 个频带范围分别为 17~30 kHz、37~59 kHz 和 65~76 kHz,而在中间频带色谱图颜色比 0 kN 载荷下较深。在导波的整个传播过程中,导波的中心频率分布范围主要集中在 24~28 kHz,并且频带持续时间变长,为 0.3~1.2 ms。而当锚杆完全发生脱黏时,4 个频带范围分别为 16~22 kHz、27~39 kHz、46~61 kHz 和 63~75 kHz,其中 3 个频带色谱图颜色较深,导波的中心频率分布范围主要集中在 20~21 kHz、29~36 kHz 和 53~60 kHz,低频带 20~21 kHz 的持续时间更长,其范围在 0.3~1.4 ms。从 3 种应力状态下导波频率分布情况可知,出现多个频率带的现象与锚固系统中含有缺陷有关,导波在缺陷处多次发生反射,引起频率发生变化。随着载荷的增大到锚杆完全发生脱黏,导波高频部分色谱图颜色逐渐变深,这主要由于锚杆与水泥砂浆的接触从紧密逐渐转向松散,锚杆中导波能量向水泥砂浆和混凝土中泄露逐渐减少,导波中高频部分强度增大,锚固质量变差,致使在 F 端接收到首波的高频部分逐渐增多,而由于载荷的作用,在 F 端接收到 A 端回波信号逐渐减弱,这与图 4-5(a)中导波信号传播规律一致。

4.4 含有锚固缺陷的锚固锚杆系统中导波传播规律

4.4.1 数值模型及试验验证

含有单个黏结缺陷的锚固锚杆系统数值模型与试验中模型一致,即黏结缺陷长 400 mm 且 C 端距 B 端 400 mm(见图 4-1)。此数值模型及以后所有章节中数值模型中锚杆、水泥砂浆和混凝土的材料参数均见表 2-1。数值模拟锚杆中载荷传递结果和试验结果对比如图 4-2 所示,数值模型可以很好地模拟锚杆轴力在拉拔过程中经历的弹性上升、软化和残余阶段。

在不同载荷作用下,含有一个长度为 400 mm 缺陷的锚固系统的锚杆中应力分布情况如图 4-7 所示。相同锚固位置的轴向应力随着载荷的增加而增加;相同载荷下,距离加载端越远,锚杆轴向应力越小。在缺陷处,出现一个应力平台,在应力平台范围内,锚杆上轴向应力相等,因此可根据锚杆轴向应力平台分布规律确定锚固缺陷的位置及长度。

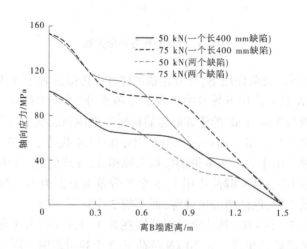

图 4-7 不同锚固位置处应力分布

在数值模拟中利用导波进行检测时,输入的超声导波波形为经过汉宁窗调制而得到的理想化的 10 周期且频率为 22 kHz 的正弦波(见图 4-8)。数值模拟与试验结果对比如图 4-9 所示,锚杆 F 端接收信号与试验结果具有很好的吻合度,能反映出缺陷所在位置。从对比结果中可知,此数值模型可以很好地模拟导波在锚固锚杆系统中的传播。

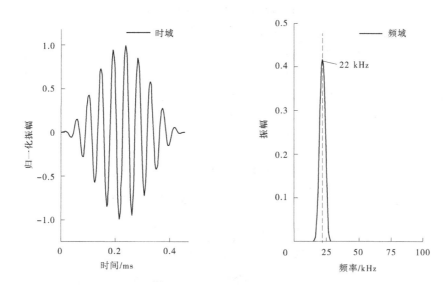

图 4-8　激励信号的时域和频域

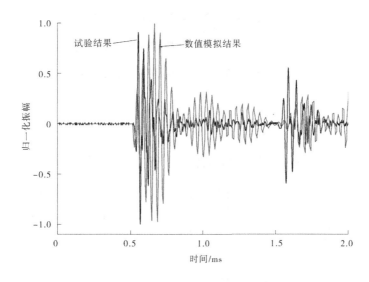

图 4-9　数值模拟和试验结果对比

4.4.2　含有单个锚固缺陷的锚固锚杆系统中导波传播规律

数值模型和试验模型一致,缺陷长度为 400 mm。在不同载荷作用下,导波在锚固锚杆系统中传播规律如图 4-10 所示。在 0.3 ms 时,导波到达缺陷 C 端;0.38 ms 时,到达缺陷 D 端；而在 0.73 ms 时到达 F 端；在 1.3 ms 时，导波从 F 端反射回 A 端。而在 50 kN 拉拔载荷下，受载荷影响，导波传播过程规律性不强，载荷对导波的传播规律有弱化效应，主要表现为拉拔载荷影响着导波中的频率成分。在载荷的影响区域，没有太多的导波能量通过锚杆与水泥砂浆界面衍射到水泥砂浆和混凝土中，这主要由于波阻抗不匹配的增加引起的（锚杆与水泥砂浆间低波阻抗的不匹配和锚杆与空隙间的高波阻抗的不匹配）。在锚杆发生脱黏处，锚杆与水泥砂浆之间出现空隙，引起水泥砂浆与空气间发生耦合且其波阻抗较大，而在黏结缺陷处本来就存在空隙，水泥砂浆与空气之间的波阻抗较大，导致导波在锚杆中传播并在脱黏和缺陷处发生多次反射，由于导波在锚杆中传播速度大于在水泥砂浆和混凝土中的速度，部分衍射到水泥砂浆和混凝土中的导波在水泥砂浆及混凝土中各个方向发生更多的散射，以致衰减严重。

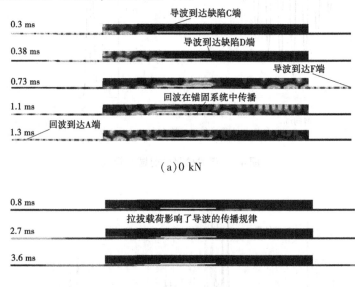

图 4-10　在不同应力水平下，导波在具有 400 mm 长锚固缺陷的锚固锚杆系统中的传播

4.4.3　不同锚固缺陷位置的锚固锚杆系统中导波传播规律

含有不同位置锚固缺陷的锚杆锚固系统模型如图 4-11 所示，模型尺寸（除缺陷长度及位置外）与试验试样一致。在锚杆锚固系统中，锚固缺陷长度为 200 mm，距离锚固系统 B 端的长度 L 分别为 300 mm、650 mm 和 1 000 mm。

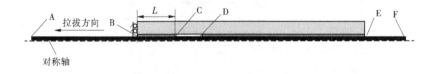

图 4-11　在不同位置具有一个黏结缺陷的锚固锚杆系统的轴对称模型

4.4.3.1 未施加载荷时缺陷位置对导波传播的影响

锚固缺陷在不同位置的锚杆中导波传播规律如图 4-12 所示,锚固缺陷在不同位置时,在 A 端(A、B、C、D、E 和 F 位置如图 4-11 所示)能同时接收到 B 端、E 端和 F 端回波,而接收缺陷 C 和 D 端回波随着缺陷距离 A 端越远所需时间越长;能同时在 F 端接收到从 A 端、B 端和 E 端反射的回波,锚固缺陷位置对其无影响,而接收从缺陷处反射的回波会随着缺陷位置距 A 端越近所需时间越长。因此,可以利用在 A 端或 F 端接收到的回波信号传播时间及导波波速来确定锚固缺陷的位置及大小。在无载荷作用下,具有单个长 200 mm 锚固缺陷的锚固系统中导波传播过程如图 4-13 所示,首先,激励导波在自由锚杆中传播,当导波到达锚固 B 端进入锚固段时,大部分导波继续沿锚杆传播,一部分发生衍射并扩散到水泥砂浆和混凝土中,引起导波能量的耗散,仅有小部分导波在锚固 B 端反射回 A 端。对于距 B 端 300 mm 处的缺陷,在 0.27 ms 时激励导波到达缺陷 C 端,0.31 ms 时,到达缺陷 D 端;对于距 B 端 650 mm 处的缺陷,0.4 ms 时到达缺陷 C 端,0.44 ms 时到达缺陷 D 端;而对于 1 000 mm 处的缺陷,0.5 ms 时到达缺陷 C 端,0.54 ms 时到达缺陷 D 端。因此,随着缺陷距加载 A 端越远,导波到达缺陷处所需时间越长。随着时间的增加,导波穿过缺陷处,继续向 F 端传播并反射回 A 端。

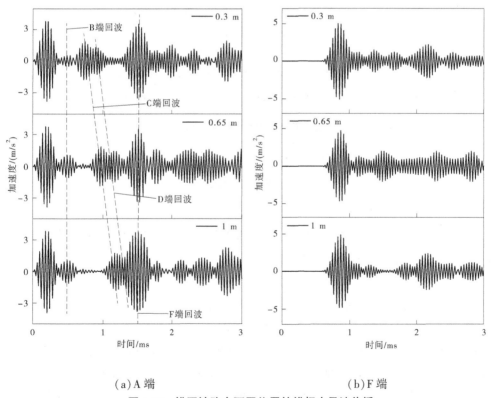

(a) A 端　　　　　　　　　　(b) F 端

图 4-12　锚固缺陷在不同位置的锚杆中导波传播

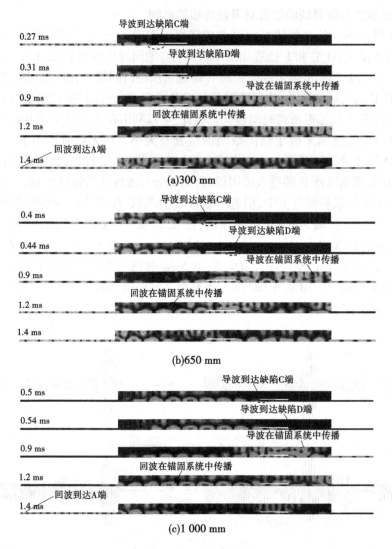

图 4-13 无载荷下,具有单个长 200 mm 锚固缺陷的锚固锚杆系统中导波传播过程

4.4.3.2 拉拔载荷对导波传播的影响

在不同应力水平下,含有一个长度为 200 mm 缺陷的锚固系统中锚杆的轴向应力分布如图 4-14 所示,在相同载荷而缺陷位置不同处,均出现应力平台。对于距 B 端 300 mm、650 mm 的缺陷来说,在距锚固 B 端 300~850 mm 区间内,锚杆中轴向应力分布不同且距 B 端 300 mm 的缺陷中锚杆轴向应力大于距 B 端 650 mm 的缺陷,其他锚固段均基本相同;对于距 B 端 650 mm、1 000 mm 的缺陷,在距锚固 B 端 650~1 200 mm 区间内,轴向应力分布不同且距 B 端 650 mm 的缺陷中锚杆轴向应力大于距 B 端 1 000 mm 的缺陷;对于距 B 端 300 mm、1 000 mm 的缺陷,在距锚固 B 端 300~1 200 mm 区间内,轴向应力分布不同且距 B 端 300 mm 的缺陷中锚杆轴向应力大于距 B 端 1 000 mm 的缺陷。在相同缺陷位置,锚杆中轴向应力随着载荷的增加而增加。因此,在相同载荷作用下,对于含有相

同长度缺陷而位置不同时,除应力平台及相邻一定区间范围外,锚杆中的轴向应力分布情况与缺陷位置无关。

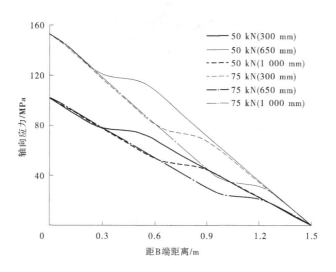

图 4-14　在不同应力水平和不同位置处,锚杆上轴向应力分布

图 4-15 为在不同载荷作用下,导波在锚固缺陷长度为 200 mm 且距 B 端 300 mm 的锚杆中传播信号。在 0 kN 载荷下,导波传播规律性很强,可以通过缺陷回波时间及波速获得缺陷所在位置及大小。而在 50 kN 和 75 kN 载荷下,导波在锚杆中传播比较紊乱,主要原因是锚杆加载端承受较大的集中力使导波产生较强烈的多次透反射,接收到的反射信号变得极其复杂,导致拉拔载荷作用扰乱了导波的传播,并且在载荷作用下部分锚杆发生脱黏,产生了不连续界面使部分导波能量受到干扰,导致部分能量只能在锚杆中传播。在黏结缺陷处,导波同样发生多次透反射,由于在黏结缺陷范围内锚杆与水泥砂浆之间无接触,导致导波衍射不出去,因此全部能量只能在锚杆中传播,从而影响导波在锚固锚杆系统中的传播规律。在试验中,由于锚杆在其全长锚固范围内,自然或人为地存在有多个变阻抗界面,导致导波能量耗散严重,完整锚固锚杆状态下,高频较低,而在拉拔载荷作用下,锚杆与水泥砂浆间部分发生脱黏,使部分锚固段导波耗散减小,高频增多,载荷作用的影响小于锚固状态的影响。而数值模拟是在比较理想状态下进行的,因此在拉拔载荷作用下,两者的结果是有误差的。在数值模拟中受载荷作用影响,从信号中不能直接找出缺陷所处位置,但可以根据信号的相位特性进行分析确定,不同缺陷类型的接触面相位将会发生突变的现象,缺陷程度相差越大,相位变化越明显,相位突变是判断缺陷位置的一个重要方法。因此,根据缺陷中相位突变情况,可以获得在 50 kN、75 kN 载荷下缺陷的位置及大小。

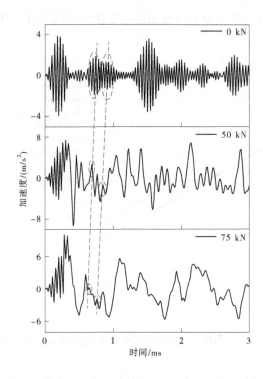

图 4-15 在不同载荷作用下,导波在锚固缺陷长度为 200 mm 且距 B 端 300 mm 的锚杆中传播信号

图 4-16 为导波在锚固缺陷长度为 200 mm 且距 B 端 300 mm 的锚固锚杆系统中的传播过程云图。由于拉拔载荷影响,导波在锚固系统中传播云图和图 4-15 中传播的信号一样无规律。导波传播云图更进一步反映了导波在锚杆中的传播对载荷具有很强的敏感性,拉拔载荷减弱了导波的传播规律。

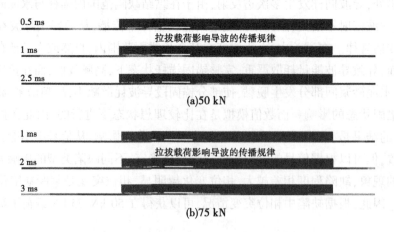

图 4-16 导波在锚固缺陷长度为 200 mm 且距 B 端 300 mm 的锚固锚杆系统中的传播过程云图

4.4.4 含有两个锚固缺陷的锚固锚杆系统中导波传播规律

含有两个锚固缺陷的锚固锚杆系统如图 4-17 所示,缺陷长度为 200 mm,第一缺陷 C 端离锚固系统 B 端 300 mm,D 端和第二缺陷 E 端相距 500 mm,第二缺陷 F 端距锚固系统 G 端 300 mm。

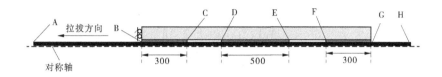

图 4-17 具有两个黏结缺陷的锚固锚杆系统的轴对称模型 （单位:mm）

含有两个缺陷的锚杆锚固系统的拉拔数值模拟结果如图 4-3 所示,两个缺陷长度和为 400 mm,与试验中含有一个缺陷长度相同,但含有两个缺陷的锚杆拉拔峰值略低于含有一个缺陷的,且残余载荷也同样低于含有一个缺陷的。另外,从图 4-3 中可知,无论是具有一个长 400 mm 的黏结缺陷还是具有两个 200 mm 的黏结缺陷,在整个锚杆拉拔过程中,锚杆与水泥砂浆之间界面的剪切刚度(到达载荷峰值前,拉拔载荷-位移曲线的斜率)基本是一致的,保持为一常数,不受缺陷个数的影响。在 50 kN 和 75 kN 载荷下,锚杆中轴向应力分布情况如图 4-7 所示,在相同载荷作用下,锚杆中出现两个应力平台。和具有一个长度为 400 mm 的缺陷中锚杆轴向应力相比,在锚固段区间 300~1 200 mm,含有两个缺陷的锚杆中轴向应力分布情况与含有一个缺陷的不同,且在区间 300~600 mm,含有两个缺陷的锚杆中轴向应力大于含有一个缺陷的,而在区间 600~1 200 mm,小于含有一个缺陷的。因此,可以根据应力平台个数及轴向应力分布情况来确定锚固缺陷个数、位置及大小。

在不同载荷作用下,导波在含有两个锚固缺陷的锚固系统的锚杆中传播信号如图 4-18 所示。在 0 kN 载荷下,从两个缺陷处反射的导波波包清晰可见,可获得缺陷所在位置。而在 50 kN 和 75 kN 载荷下,导波受拉拔载荷的影响,相位发生突变,可以找到导波回波信号所在位置即缺陷位置。

从导波在含有两个锚固缺陷的锚固系统中的传播过程云图(见图 4-19)看,在 0 kN 载荷下,导波在 0.27 ms 时到达第一缺陷 C 端,在 0.45 ms 时到达第二缺陷 E 端,随着时间的增加,导波继续传播到 H 端,然后反射回锚固系统中,在 1.35 ms 时,导波回波到达 A 端。在传播过程中,导波在缺陷处发生多次透反射,引起导波的叠加。而在 50 kN 和 75 kN 载荷下,受载荷的影响,导波在锚固锚杆系统中传播云图规律性不强,导波在两个黏结缺陷处会发生多次反射从而影响其在锚固锚杆系统中的传播规律。从导波传播信号曲线及传播云图中可反映导波在含有锚固缺陷的锚固锚杆系统中传播对应力水平具有很强的敏感性。

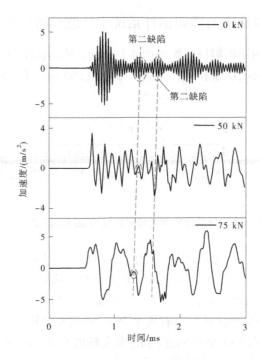

图 4-18　在不同应力水平下，具有两个黏结缺陷的锚杆中导波传播信号（H 端）

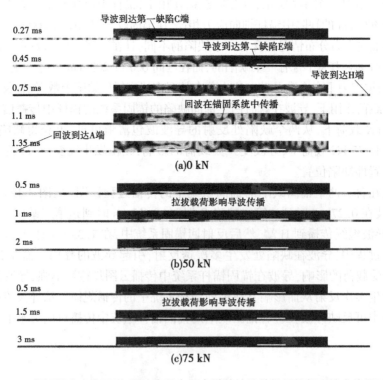

图 4-19　在不同应力水平下，导波在具有两个黏结缺陷的锚固锚杆系统中传播过程

4.5 锚杆长度不足时锚固锚杆系统中导波传播规律

4.5.1 锚杆长度不足的锚固系统数值模型

在锚杆施工过程中,施工单位为了赚取更多的经济利益,经常会出现偷工减料的现象,例如使用长度不足的锚杆(见图1-3)。因此,本小节基于锚杆长度不足,无锚杆的部分用水泥砂浆填充,具体模型如图4-20所示,锚固系统长2 000 mm,混凝土和水泥砂浆厚度分别为7.5 mm和55 mm,锚杆直径为25 mm,锚杆长度分别为750 mm、1 000 mm、1 250 mm、1 500 mm和2 000 mm。

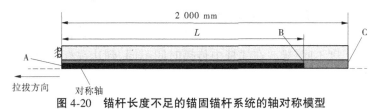

图4-20 锚杆长度不足的锚固锚杆系统的轴对称模型

4.5.2 未加载下导波在锚杆长度不足的锚固锚杆系统中的传播

导波在不同锚杆长度中传播信号如图4-21所示,随着锚杆长度的增加,即锚杆长度不足(相对于锚固系统长度2 m)的减少,锚杆底端(B端)回波信号到达加载端(A端)所需时间逐渐增加。因此,可根据导波在锚杆中的传播速度及传播时间获得锚杆的长度,以此确定锚杆长度是否存在不足,减少由于锚杆长度不足引起的安全隐患。

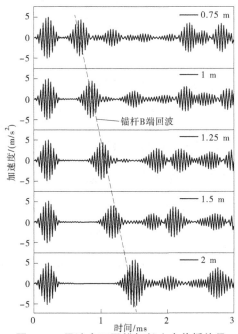

图4-21 导波在不同锚杆长度中传播信号

导波在不同锚杆长度不足的锚固系统中传播过程如图 4-22 所示。对于锚杆长度为 750 mm，导波首先在锚杆中传播并泄漏到水泥砂浆和混凝土中，在 0.27 ms 时到达锚杆 B 端，然后一部分导波在锚杆底端与水泥砂浆交界面处反射回锚杆，一部分透射到水泥砂浆中继续向锚固系统 C 端传播，在 1 ms 时，到达锚固系统 C 端，随后导波反射。对于锚杆长度 1 000 m，在 0.35 ms 时，导波到达锚杆 B 端，然后一部分导波能量透射到水泥砂浆中，一部分在锚杆与水泥砂浆交界面处反射回锚杆，在 1 ms 时，到达锚固系统 C 端。对于锚杆长度 1 250 mm，在 0.43 ms 导波到达锚杆 B 端，一部分导波能量在锚杆与水泥砂浆交界面处反射回锚杆，一部分透射到水泥砂浆中并在 0.9 ms 时导波传播到锚固系统 C 端，然后反射回锚固系统中。对于锚杆长度 1 500 mm，在 0.51 ms 时，导波到达锚杆 B 端，然后一部分导波从锚杆中传递到水泥砂浆中，一部分从锚杆与水泥砂浆交界面处反射。对于锚杆长度 2 000 mm，导波首先在锚杆中传播并泄漏到水泥砂浆和混凝土中，在 0.65 ms 时，导波到达锚杆 B 端（锚固系统 C 端），然后在 B 端界面反射，1.4 ms 回波到达锚杆 A 端。由于锚杆的长度不同，导波在锚杆中传播时间不同，到达锚杆 B 端与水泥砂浆交界面处所需的时间不同。

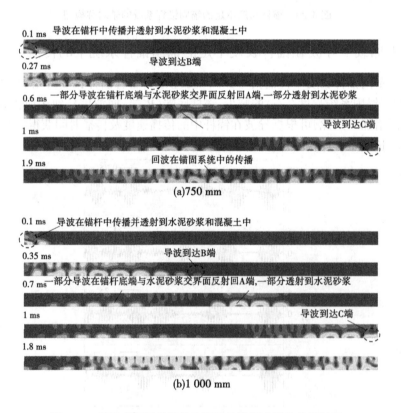

图 4-22　导波在不同锚杆长度不足的锚固系统中传播过程

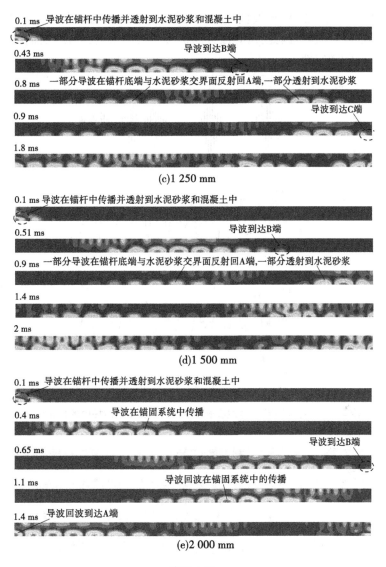

续图 4-22

4.5.3 载荷作用下导波在锚杆长度不足的锚固锚杆系统中的传播

在不同载荷下,导波在长度为 1 250 mm 的锚杆中的传播信号如图 4-23 所示。0 kN 载荷下,在锚杆 A 端能收到很清晰的 B 端回波。而在 50 kN 和 75 kN 载荷下,由于载荷的影响,导波在锚杆中的传播规律性不强,说明导波在锚杆中的传播对应力水平具有很强的敏感性。在 50 kN 和 75 kN 载荷下,受载荷影响,导波在 B 端的回波相位发生突变,根据相位突变情况,可确定 B 端位置。

在不同载荷下,导波在锚杆长度为 1 250 mm 的锚固系统中的传播过程如图 4-24 所示。由于受拉拔载荷的影响,部分锚杆与水泥砂浆交界面已发生脱黏或处于软化阶段,导致在脱黏或软化区域,大部分导波能量在锚杆中传播,极少一部分导波能量泄漏到水泥砂浆和混凝土中。与图4-23中导波信号传播一样,图4-24中导波传播过程受拉拔载荷影响,导波传播规律性不强。因此,从导波传播信号和云图来看,导波在锚杆中的传播对应力水平具有很强的敏感性。

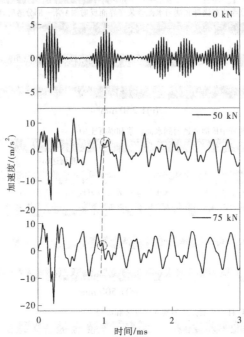

图4-23 不同载荷下,导波在长度为1 250 mm的锚杆中的传播信号

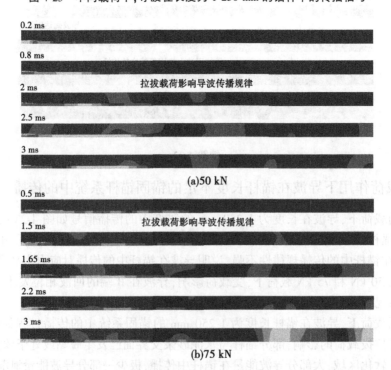

图4-24 不同载荷下,导波在锚杆长度为1 250 mm的锚固系统中的传播过程

4.6 含有节理的锚固锚杆系统中导波传播规律

在采矿、岩土工程中经常遇到岩体软弱夹层和节理裂隙带等,它的存在常导致岩体滑坡和巷道坍塌,是采矿、岩土工程治理的重点。而注入锚杆对被软弱夹层和节理裂隙切割的岩体有明显的加固作用,不仅可以提高岩体的完整性,还有利于发挥岩体介质本身的自承能力。在含有节理的锚固锚杆系统的研究中,Zhang et al. 和张波等用相似材料制作含交叉裂隙岩体无锚及加锚试件,以主次裂隙之间角度、锚固位置及锚杆与加载方向之间角度为变化参数制作试件,对试件进行单轴压缩试验,研究含交叉裂隙节理岩体的锚固效应及破坏模式。张宁等选用特制的岩石相似材料和锚杆材料,研究了单轴压缩下不同锚杆布置模式对含三维表面裂隙试件的强度及预置裂隙扩展模式的影响。李术才等通过室内试验研究单轴拉伸条件下,锚杆对含贯穿裂隙岩体的加固效应,结果表明锚杆提高了节理岩体的变形模量和单轴抗拉强度,且加锚试件的变形模量和单轴抗拉强度随锚固角的增大先增大后减小;随着锚固角的增大,试件后期破坏模式发生改变,这与锚杆的黏结性能和抗剪切性能的复合作用有关。Srivastava et al. 通过对具有天然节理的岩石和具有光滑节理的人造岩石(混凝土)进行单轴压缩试验,分析研究了锚杆、不同节理对岩石强度的影响。Lin et al. 利用数值模拟方法对起伏角为 0°和 17°节理的加锚岩体进行剪切试验,分析研究了在不同主应力下岩体的剪切强度,以及具有不同倾角锚杆的岩体剪切强度。周辉等在围岩一定深度范围内存在多组近似平行于洞壁(开挖面)以张拉型为主的裂纹围岩切割形成板状或层状结构,这些结构突发失稳为研究背景,用高强石膏配制板裂化模型试样,选用铝棒制作预应力锚杆模型,通过一侧约束条件下的单轴压缩试验,研究板裂化模型试样的预应力锚杆锚固效应及其锚固机制。

基于以上研究者的成果,对含有节理的锚固锚杆系统中锚固机制有了一定的了解,但现有研究中很少有研究者对含有节理的锚固系统进行无损检测,更没有研究者对载荷作用下含有节理的锚固系统进行无损检测。因此,本节充分考虑载荷的影响并利用超声导波对含有节理的锚固系统进行无损检测,研究节理对导波传播的影响机制。

4.6.1 含有节理的锚固锚杆系统数值模型

含有节理的锚固锚杆系统如图 4-25 所示,锚固系统中锚固长度为 1 500 mm,锚杆直径、水泥砂浆厚度和混凝土厚度分别为 25 mm、7.5 mm 和 55 mm。A、B 两端距离为 500 mm。假定节理宽度为 10 mm,到 B 端距离分别为 500 mm、750 mm 和 1 000 mm,锚孔中不含有节理,全部由水泥砂浆填充。

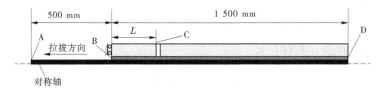

图 4-25 在不同位置含有节理的锚固锚杆系统的轴对称模型

4.6.2 未加载下导波在含有节理的锚固锚杆系统中的传播

导波在含有节理的锚固锚杆系统中传播信号如图 4-26 所示，能同时在 A 端接收到 B 端和 D 端的回波信号。导波到达节理处时一部分能量沿锚杆向远端继续传播，而一部分能量在节理处发生反射，返回加载端。而由于节理所处位置不同，接收到节理处的回波所需时间不同，因此根据导波在锚杆中传播速度和时间可求得节理的位置。

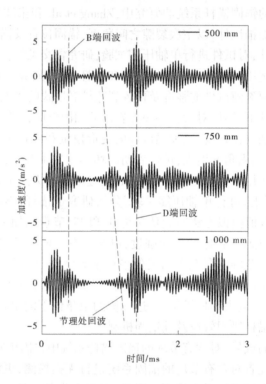

图 4-26　导波在含有节理的锚固锚杆系统中传播信号

导波在含有节理的锚固锚杆系统中的传播过程如图 4-27 所示。当节理距 B 端为 500 mm 时，在 0.14 ms，导波到达 B 端并开始衍射到水泥砂浆和混凝土中，已知 A 端到 B 端距离，可求得导波在自由锚杆中传播速度；在 0.3 ms，导波到达节理处 C 端，然后一部分导波继续沿锚杆向远端传播，而一部分导波在节理处反射回混凝土中并向 B 端传播；在 0.65 ms，导波到达 D 端并反射，D 端回波继续在锚固锚杆系统中传播；在 1.4 ms，D 端回波到达 A 端，可求得导波在锚固锚杆系统中传播速度，因此可获得节理所处的具体位置。当节理到 B 端距离分别为 750 mm 和 1 000 mm 时，由于导波在锚固锚杆系统中传播速度相同，因此导波到达 D 端并从 D 端反射回 A 端所需时间相同。根据导波到达 C 端的时间和波速，可求得节理所在具体位置。

4.6.3 载荷作用下导波在含有节理的锚固锚杆系统中的传播

图 4-28 为在不同载荷作用下，导波在节理距 B 端 750 mm 的锚固锚杆系统中的传播

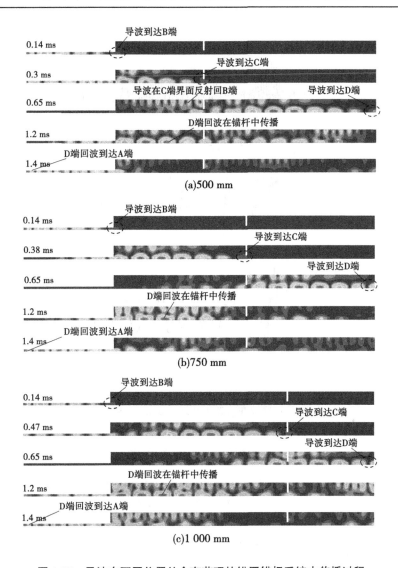

图 4-27 导波在不同位置处含有节理的锚固锚杆系统中传播过程

信号,在 0 kN 载荷下,导波在锚固锚杆系统中的传播非常有规律,节理处 C 端回波清晰可见。而在 50 kN 和 75 kN 载荷下,受载荷的影响,导波传播规律性不强,由于相位在节理处发生突变的原因,因此可以找到节理所处位置。上述现象也再一次证明了导波在锚固锚杆系统中的传播对应力状态非常敏感。

图 4-29 为在不同应力水平下,导波在节理距 B 端 750 mm 的锚固锚杆系统中的传播过程。从图 4-29 中可知,在拉拔载荷的影响下,导波进入锚固系统后衍射到已发生损伤的水泥砂浆中,但导波在锚固锚杆系统中的传播规律性不强。

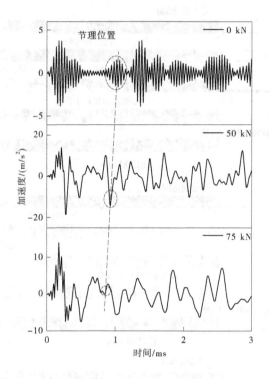

图 4-28　不同载荷作用下,导波在节理距 B 端 750 mm 的锚固锚杆系统中传播信号

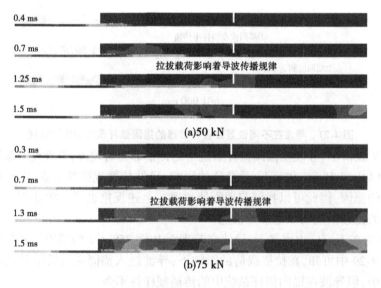

图 4-29　不同应力水平下,导波在节理距 B 端 750 mm 的锚固锚杆系统中传播过程

4.7 小　结

本章利用试验和数值模拟方法研究导波在具有锚固缺陷的锚固锚杆系统中的传播规律,确定锚固缺陷所在位置及大小,并且研究了锚杆长度不足和岩体含有节理时导波的传播规律,探讨应力作用对导波在具有缺陷的锚固锚杆系统中传播机制,主要结果如下:

(1)通过数值模拟可以获得锚杆轴向应力分布情况,在锚固缺陷处存在应力平台,应力平台的个数、位置及大小即为锚固缺陷的个数、位置及大小。

(2)提出了锚杆在不同载荷作用下的脱黏长度与频率振幅比的关系,定量分析了锚杆的锚固质量。在导波时频特性中,由于缺陷的存在,导致锚杆在 0 kN、50 kN 载荷下导波存在 3 个频率带,而当锚杆完全发生脱黏时,导波中存在 4 个频带,并且低频带持续时间逐渐增大。

(3)利用超声导波检测锚杆锚固缺陷的个数、位置及大小,根据锚杆中波速变化情况,可以获得在不同载荷作用下锚杆的脱黏长度。利用导波在锚固系统中的锚杆中传播时间及波速,可求得锚杆的长度,确定锚杆长度是否存在不足及节理所处位置,以此来减少由于锚杆长度不足引起的安全隐患及合理设计加固节理岩体的方案。

(4)从导波传播过程曲线及云图可知,在载荷作用下导波在含有锚固缺陷的锚固系统中传播过程规律性不强,这主要由于锚杆部分发生脱黏和缺陷,导致锚杆与水泥砂浆间波阻抗发生变化。拉拔载荷对导波的传播有弱化效应,载荷越大,弱化效应越显著,更进一步说明了导波传播对应力水平具有较强的敏感性。

第 5 章　无围压作用下全长锚固锚杆锚固质量检测研究

5.1　引　言

作为支护系统的重要组成部分,锚杆广泛应用于边坡及巷道的加固和支护。在岩土工程和采矿工程中,由于锚杆的隐蔽性及周围环境的恶化等导致锚杆锚固失效,而致岩爆、塌方等灾害频繁发生,如何采用科学有效的方法对锚杆锚固质量进行无损检测早已成为一个亟须解决的问题。众多学者针对此问题进行了研究。但是,大多数学者在室内试验和数值模拟方面只是对处于静态下锚杆的锚固质量进行无损检测,而在实际工程中,作用于地下巷道、硐室围岩体中的锚杆受力状况相应发生变化。由于锚杆的隐蔽性,其锚固质量是否完好不得而知,因此很有必要研究应力作用下锚杆的锚固质量。因此,本章利用锚杆拉拔及应力波检测试验装置对锚杆进行拉拔并对其在不同应力水平下的锚固质量进行检测,利用小波变换对检测信号进行小波多尺度和频谱分析,并对波速变化进行分析以确定锚杆锚固质量。最后,利用数值模拟方法对具有不同锚固长度的锚杆锚固系统进行研究,进而确定在不同应力作用下锚杆的锚固质量。

5.2　小波多尺度分析理论基础

利用超声波对锚杆锚固质量进行检测,在其检测信号中,各种界面的反射波是以混合复杂的形式存在的。在时间域观察检测信号,主要表现为低频信号,而高频成分被覆盖。从实际检测获得的信号中,直接获取反射波到达时间存在一定的困难。因此,需要利用现有信号处理技术来获取合理的信号,其中有学者采用小波变换对信号进行处理。Lee et al. 利用傅里叶变换和小波变换方法评估了锚杆锚固完整性,结果表明频谱率的量级、能量速度和相速度可以作为评估锚杆完整性的指标。Yu et al. 利用超声导波的反射和小锤撞击方法来评价不同状态下锚杆和管棚支护系统的未锚固比,并对试验数据进行小波变换,结果表明利用小锤撞击方法可以有效地评估现场锚杆的未锚固段长度。李青锋等通过对基桩检测信号进行多尺度一维连续小波分解,根据信号的奇异点位置确定缺陷和桩底位置。而有些学者利用小波多尺度对离散信号进行分析。孙冰等采用 db6 小波的 3 尺度或 4 尺度对信号进行分析,由于低频信号反映大缺陷、高频反应细部缺陷的缘故,锚杆的底端反射时间可在低频信号中找到。任智敏和李义采用 db4 小波对检测信号进行 4 尺度或 5 尺度分解,其最高频重构信号的第二个"波浪"的开始点对应的时刻就是原始信号的底端反射时间点。肖国强等通过对理论模型曲线和工程实测锚杆信号的小波多尺度分析研究表明,小波域内,不同界面反射波的高频子波成分能较好地分离开来。杨学立等在重磁位场分析中认为小波各阶段细节的分解尺度可以反映异常体源的深度。王江涛等将小波多尺度分析技术应用于强噪声背景下提取弱信号及信号的奇异性检验,能有效提取动态变形信息。以上学者的研究结果验证了小波多尺度分析方法可以对离散信号进行很好的分析,因此本章利用小波变换对超声导波信号进行分析。

小波变换(WT)是一种独特的时频分析方法,具有多分辨特性,也叫多尺度特性,能把信号分解到不同尺度空间上反映不同信号的频率成分,可以由粗略到精细地逐步观察信号。通过选择适当的尺度因子和平移因子,得到一个伸缩窗,选择适当的基本小波,就可以使小波变换在时域和频域都具有表征信号局部特征的能力。

小波是由一个满足条件 $\int_{-\infty}^{+\infty}\psi(t)=0$ 的函数 $\psi(t)$ 通过平移和伸缩而产生的函数族:

$$\psi_{a,b}(t)=|a|^{-1/2}\psi\left(\frac{t-b}{a}\right) \quad (a,b\in R, a\neq 0) \tag{5-1}$$

式中:$\psi(t)$ 称为基小波或母小波;a 为伸缩因子(尺度因子);b 为平移因子。

将任意 $L^2(R)$ 空间中的函数 $f(t)$ 在小波基下展开,称这种展开为函数 $f(t)$ 的连续小波变换,其表达式为

$$Wf(a,b)=|a|^{-1/2}\int_{-\infty}^{+\infty}f(t)\psi^*\left(\frac{t-b}{a}\right)\mathrm{d}t \tag{5-2}$$

其中基小波表达式为

$$\psi(t)=\mathrm{e}^{-w_0 t}\mathrm{e}^{-t^2/2} \quad (\omega_0\geqslant 5) \tag{5-3}$$

相应的傅里叶变换为

$$\hat{\psi}(\omega)=\mathrm{e}^{-(\omega-\omega_0)^2/2} \tag{5-4}$$

由上述可推出尺度参数 a 为

$$a=\frac{\omega\mathrm{d}f}{f\mathrm{d}\omega} \tag{5-5}$$

式中:ω 为基小波的带通中心;$\mathrm{d}f=\mathrm{d}t/N$ 为信号 $f(t)$ 的采样频率,$\mathrm{d}t$ 为采样间隔,N 为采样点数;$\mathrm{d}\omega=2\pi/N$。

在小波多尺度分析中,Daubechies 小波系列具有较好的紧支撑性、光滑性及近似对称性,并广泛地应用于分析非平稳信号问题。因此,本书选用 db6 作为小波基并进行 5 层分解,得到不同频率的高频部分和低频部分。

5.3 试验设计及步骤

试样和第 3 章中一样,其中锚杆采用直径为 25 mm 的螺纹钢筋,长度为 2 500 mm,其中 1 500 mm 锚固于混凝土中,如图 5-1 所示。

整个试验步骤如下:首先在加载前即锚杆未受轴向力作用时,由超声波发生源产生电压脉冲信号,脉冲信号经过 A 端压电传感器转换成振动信号,振动信号在锚杆中以导波的形式传播并在 D 端被另一压电传感器接收。其后当载荷增加到 100 kN 及锚杆完全发生脱黏时,重复以上超声导波检测步骤。

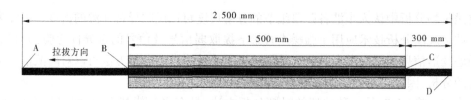

图 5-1 试样尺寸

5.4 试验结果与分析

如图 5-1 所示，A 端为激发端，B 端为锚固前端，C 端为锚固末端，D 端为接收端。在本次试验中，应力波首波到达 D 端后反射到达 C 端，波阻抗增大，反射波能量弱于透射波，C 端反射信号与 D 端首波信号相位相反，而到达 B 端时，波阻抗减小，反射波能量强于透射波，反射信号与首波信号相位相同。

5.4.1 检测信号的小波多尺度分析

由于超声导波在锚固锚杆系统中能量耗散严重，导致导波频率中高频部分衰减严重，无法拾取回波信息，因此利用小波多尺度分析方法对导波信号进行多层分解，然后选择分解后的高、低频信号进行分析。不同应力状态下锚杆中超声导波的多尺度分析结果如图 5-2 所示，s 为原始信号，a5 为逼近信号，d1~d5 为细节信号。在信号分解中，原始信号 s 可分解为低频 a1 和高频 d1，低频 a1 又可分解为低频 a2 和高频 d2，以此类推。任何信号可分解成不同频带的细节之和，随着分解层数的不同，这些频带互不重叠且充满整个频率空间。

从图 5-2 中可知，原始信号比较离散，不能看出回波信息，此现象可能由于在制作试样和试验中，锚杆和水泥砂浆及水泥砂浆和混凝土之间的黏结不完善，导波在传播过程中发生多次反射，导致导波能量耗散严重。根据学者们的描述，在低频信号中拾取底端反射信号(本书中为首波到达 D 端信号)，高频信号反映细节，因此如图 5-2(a)所示，在低频信号 d4 中首波到达 D 端的时间为 604 μs，根据测得自由锚杆波速为 5 100 m/s，可计算出在锚固段锚杆中波速为 3 676 m/s。由于回波对于原始信号的影响主要是波的干涉或衍射，但不会改变导波在介质中的传播速度，因此在原始信号经过小波分解后的低幅高频信号 d3 中可发现在 D 端接收到 B 端回波信号所需时间为 853 μs，可以推测出锚固长度为 1.35 m，与实际锚固长度 1.5 m 的误差为 10%。

如图 5-2(b)所示，锚杆完全发生脱黏后，在低频信号 d5 中首波到达 D 端的时间为 572 μs，自由锚杆中波速为 5 100 m/s，因此得出在锚固段锚杆中波速为 3 989 m/s；在低幅高频信号 d3 中可发现在 D 端接收到 B 端回波信号时间为 830 μs，可以推测出锚固长度为 1.42 m，与实际锚固长度 1.5 m 的误差为 5.3%。

如图 5-2(c)所示，在 100 kN 拉拔载荷作用下，在低频信号 d4 中首波到达 D 端的时间为 588 μs，从 D 端接收到 B 端回波信号时间为 841 μs，由于力的作用下，一部分锚杆发生脱黏，因此根据未受载荷时锚固段锚杆波速为 3 676 m/s，锚杆发生脱黏后[见

第 5 章 无围压作用下全长锚固锚杆锚固质量检测研究

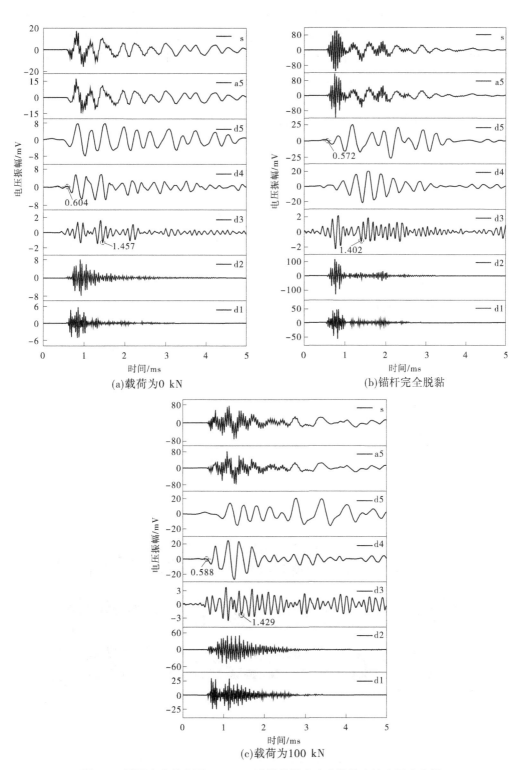

图 5-2 不同应力状态下 D25-T14 试样锚杆中应力波的小波多尺度分解

图 5-2(b)],由于摩擦力的存在,锚固段锚杆的波速为 3 989 m/s,锚杆锚固段的实际长度为 1.5 m,则可计算出载荷在 100 kN 作用下,锚杆从加载端开始已经发生脱黏 0.752 m,而 0.748 m 黏结长度仍处于锚固阶段。此时,锚杆在锚固段的平均速度为 3 833 m/s。

5.4.2 检测信号的频谱分析

图 5-3 为不同应力状态下锚固锚杆的时域、频域和时频特征。

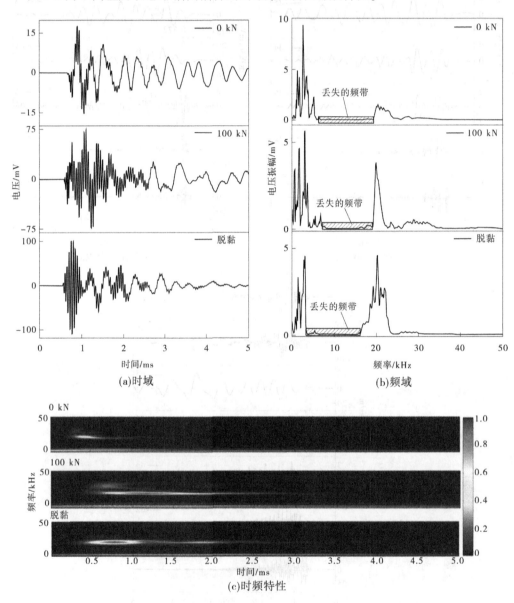

图 5-3 不同应力状态下锚固锚杆时域、频域和时频特征

第 5 章 无围压作用下全长锚固锚杆锚固质量检测研究

从图 5-3(a)时域中可知,锚杆所受载荷从 0 kN 到 100 kN,再到锚杆完全发生脱黏,锚杆自由端所接收信号的幅值逐渐增大,表明在 0 kN 载荷下,超声导波能量耗散最多,锚杆锚固质量最好;在 100 kN 载荷下,接收信号振荡较大,说明超声导波对所处应力水平很敏感;而锚杆完全脱黏时,所接收信号幅值最大,说明导波传播过程中能量耗散较少,锚杆锚固质量最差即完全发生脱黏。从图 5-3(b)频域中可知,在 0 kN、100 kN 载荷下和锚杆完全脱黏状态下,锚固锚杆中均存在两个不同的频带,且中间会出现丢失的频带,与 Kwun et al. 和 Liu et al. 的试验结果一致,是一种陷波频率现象。随着载荷从 0 kN 到 100 kN 然后锚杆完全发生脱黏,锚杆中低频最大振幅降低,而高频最大振幅增加。在 0 kN 载荷下,高频段超声导波在材料内部结构经历多次的透反射等相互作用而表现出高衰减,锚固质量最好。因此,可以根据第 4.3 节中利用低频区域和高频区域的最大振幅的比值来定量评估含有黏结缺陷的锚杆锚固质量一样,也可以应用在没有含有黏结缺陷的锚杆锚固质量的评估。根据试验现象并参照 Trtnik and Gams 设置频率区域的方法,本章及第 6 章中均设置低频区域为 0~10 kHz,高频区域为 20~30 kHz。载荷从 0 kN 到 100 kN 再到锚杆完全发生脱黏,Q 值分别为 6.14、1.31 和 0.97,Q 值与锚杆脱黏长度的关系如图 5-4 所示,随着 Q 值的增大,锚杆脱黏长度呈指数关系减小,表明锚杆锚固质量越来越好,反之亦然。通常在信号处理中,时频特性经常用来分析离散的信号,因此对锚固锚杆中导波进行时频特性分析。图 5-3(c)为锚固锚杆在不同应力水平下的时频特性,在 0 kN 载荷下,锚杆中低频部分占主要地位,锚杆中的导波能量衰减增多,锚固质量较好。随着载荷增加到 100 kN,低频逐渐向高频转移,能量快速传播,衰减减少,锚固质量变差。

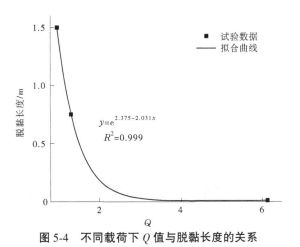

图 5-4 不同载荷下 Q 值与脱黏长度的关系

5.5 数值分析锚固锚杆中导波传播规律

5.5.1 数值模型

在导波传播过程中,锚固长度对其有较大影响,不同锚固长度的锚固锚杆系统模型如图 5-5 所示,除锚固长度变化外,模型尺寸与试验试样一致,L 分别为 375 mm、750 mm、

1 125 mm 和 1 500 mm。

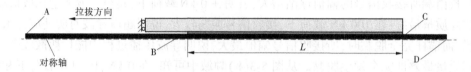

图 5-5　不同锚固长度的锚固锚杆系统模型

数值模拟采用有限元软件 ABAQUS,锚杆锚固系统采用四节点双线性缩减积分轴对称单元模拟,在此数值模拟中,超声导波输入波形为经过汉宁窗调制而得到的 10 周期且频率 22 kHz 的正弦波(见图 4-8)。

5.5.2　未施加载荷时锚固长度对导波传播的影响

在 0 kN 载荷作用下,具有不同锚固长度的锚杆中导波传播规律如图 5-6 所示,在加载端 A(A、B、C 和 D 位置如图 5-5 所示)接收到的 B 端回波所需时间随锚固长度的增加而减少,即 B 端到 A 端的距离越近,在 A 端接收到的 B 端回波在锚杆中传播所需时间越少;对于 D 端回波,由于锚固长度的增加,导波能量在锚固段中耗散增多,衰减较快,波速降低,接收回波的时间也因此相应增加。利用导波在锚固锚杆中的传播时间及波速,可以获得锚杆的锚固长度。

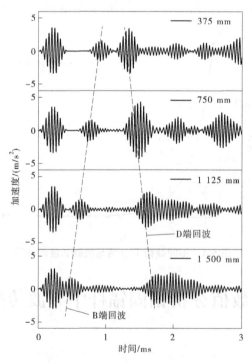

图 5-6　不同锚固长度的锚固锚杆系统中导波传播规律

第 5 章 无围压作用下全长锚固锚杆锚固质量检测研究

图 5-7 为在无载荷作用下,应力波在具有不同锚固长度的锚固锚杆系统中传播过程。首先当纵向导波到达 B 端时,导波发生衍射,部分传播到水泥砂浆和混凝土中,部分反射回

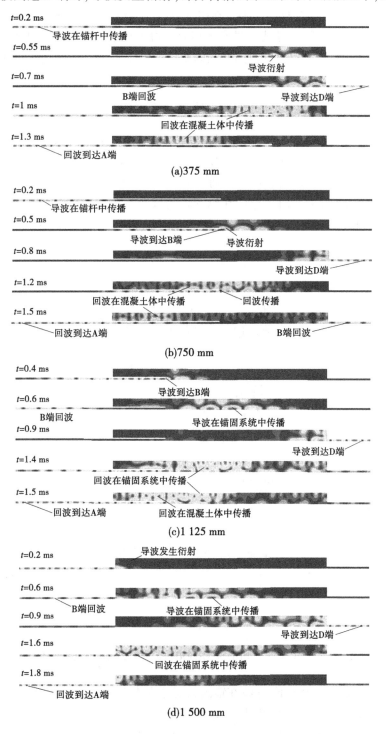

图 5-7 无载荷作用下,在不同锚固长度的锚固锚杆系统中导波传播过程

A 端,部分继续沿着锚杆向前传播。在图 5-7(a)中,$t=0.7$ ms 时,部分导波到达 D 端,另一部分反射回 B 端。在 $t=1$ ms 时,从 D 端反射回的回波到达 B 端并开始分离,部分回波传播到混凝土中,部分在锚杆中传播。在图 5-7(b)、(c)和(d)中,随着锚固长度的增加,由于 B 端离 A 端越来越近,导波更早发生衍射。由于在锚固系统中波速的降低,导波更晚到达 C 端和 D 端,需要更多的时间在锚固系统中传播。锚固长度可以通过导波传播时间和波速获得。

5.5.3 载荷作用下锚固长度对导波传播的影响

在 50 MPa 应力水平下,导波在不同锚固长度的锚杆锚固系统中的传播信号如图 5-8 所示。根据信号相位突变,可检测出 B、D 端回波信号。在 A 端接收到 B 端回波所需时间随着锚固长度的增加而减小,且信号波动更加复杂。接收到 D 端回波所需时间随着锚固长度的增加而增加,这主要由于导波在锚固段的波速小于自由锚杆中,因此锚固长度越长,导波在锚固段传播的时间越长。图 5-8 中信号说明导波在锚固锚杆中的传播对所处的应力水平很敏感。

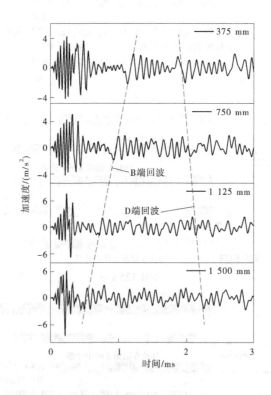

图 5-8 在 50 MPa 作用下,在不同锚固长度的锚杆中导波传播信号

图 5-9 为不同应力状态下,导波在锚固长度分别为 750 mm 和 1 500 mm 的锚杆锚固系统中的传播信号。锚固长度相同时,随着应力的增加,接收到的 D 端回波信号所需时间相对减小,这是因为在应力作用下,锚固系统中锚杆锚固状态发生变化,锚杆部分发生

脱黏或锚杆与水泥砂浆之间界面处于软化阶段(见图5-10)。在100 MPa应力作用下,锚杆发生脱黏或软化的长度增大,锚杆锚固质量变差。如图5-9所示,随着应力的增大,导波信号波动更加复杂,表明导波在锚固锚杆中传播对应力水平很敏感。

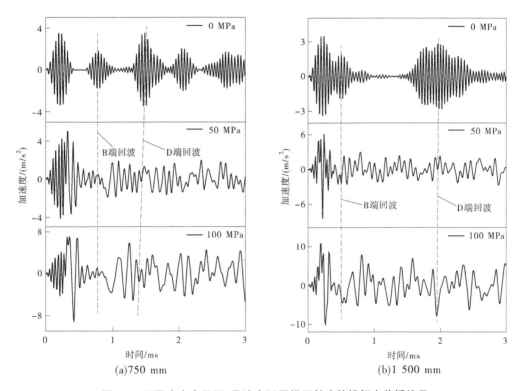

图5-9 不同应力水平下,导波在不同锚固长度的锚杆中传播信号

图5-10 在不同应力水平下,受拉拔载荷影响的锚固长度(SDEG,标量刚度退化)

图5-11为在50 MPa和100 MPa应力作用下,导波在锚固长度为1 500 mm的锚固锚杆系统中的传播过程。当导波到达B端时,发生软化(在50 MPa应力作用下,锚杆与水泥砂浆之间界面已有240 mm处于软化阶段)的锚固部分引起多次的反射,很少导波能量衍射到水泥砂浆和混凝土中,导致导波传播规律性减弱。随着应力增加到100 MPa,当导波未进入锚固系统时,导波仅仅在锚杆中传播,到达B端时极少发生衍射。在锚固锚杆系统中有460 mm黏结长度受100 MPa应力的影响,其中有300 mm已经发生脱黏。

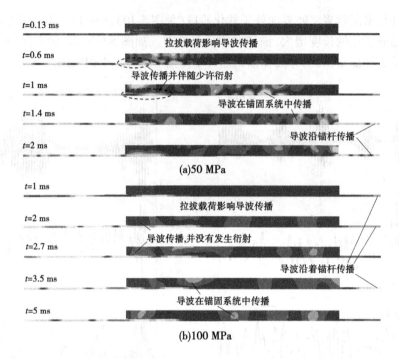

图 5-11　不同应力水平下，锚固长度为 1 500 mm 的锚固锚杆系统中导波传播过程

5.6　小　结

本章利用试验和数值模拟方法分析在不同应力状态下全长锚固锚杆中应力波传播规律，以评估锚杆锚固质量，得出以下结论：

(1) 对超声导波检测信号进行了小波多尺度分析，得出在 100 kN 载荷作用下试样中锚杆的脱黏长度为 0.752 m。

(2) 在时域，锚杆所受载荷从 0 kN 到 100 kN，再到锚杆完全脱黏，在锚杆自由端所接收信号的幅值逐渐增大，表明在完全锚固时，超声导波能量耗散最多，锚杆锚固质量最好，而完全脱黏时导波能量耗散最少，锚固质量最差即完全发生脱黏。随着载荷的增大，锚杆锚固质量越差。

(3) 在频域，有两个频率带存在。随着载荷从 0 kN 到 100 kN 再到锚杆完全脱黏，低频振幅逐渐降低，而高频振幅增大。低频和高频的振幅比 Q 值分别为 6.14、1.31 和 0.97。随着 Q 值的增大，锚杆发生脱黏的长度呈指数关系减小，锚杆锚固质量越来越好，反之亦然。

(4) 在未受力作用下，利用导波在锚杆中的传播时间及波速可以计算得到锚杆的锚固长度。相同锚固长度下，随着应力的增加，锚杆锚固状态发生变化，锚杆与水泥砂浆界面部分发生脱黏或处于软化阶段，导致导波能量耗散逐渐降低，锚杆锚固质量变差。

第6章 围压作用下全长锚固锚杆锚固质量检测研究

6.1 引　言

在采矿工程中,地下开挖导致巷道几何形状不断变化,作用在岩体的应力也相应地发生改变,此应力称为诱发地应力。地应力的大小及方向是影响锚杆支护巷道围岩稳定性的关键因素之一。而用于地下巷道支护的全长锚固锚杆的锚固强度主要靠锚杆与锚固剂的摩擦和作用在锚杆与锚固剂界面间的应力(围压)引起的。界面应力随着锚固剂或周围岩体膨胀的增加而增加,随着周围开采活动诱发的应力变化而改变,这也对锚杆与岩体间的黏结能力及应力波在锚杆中的传播产生积极(应力增加)或消极(应力降低)的影响。开挖诱发的应力变化是影响锚杆黏结强度及锚固锚杆中应力波传播的重要因素之一。因此,在本章中,通过施加围压来实现锚杆支护中地应力的影响,然后在对全长锚固锚杆进行拉拔过程中利用超声导波对不同拉拔载荷作用下的锚杆进行检测,研究在拉拔载荷和围压共同作用下超声导波的传播规律及锚杆的锚固质量,最后通过利用数值模拟方法探讨在不同围压和拉拔载荷共同作用下锚杆(无缺陷和含有缺陷)的锚固质量。

6.2　试验设计及步骤

本章中采用的混凝土和锚固剂配比及试样尺寸如同第3章一样,锚杆采用直径为25 mm的螺纹钢筋,锚杆锚固后,试样在室内养护28 d后再进行拉拔及检测试验。试样模型和加载及边界条件如图6-1所示,试验前,混凝土前端与装置的中空挡块相接触,利用热缩管把锚固锚杆系统试样和中空挡块同时密封。然后把锚固系统试样和中空挡块一起放于装置承压筒腔体中,并在装置两端用法兰端盖固定密封。本次试验主要对锚固锚杆系统施加2 MPa围压,其试验步骤如下:首先,在未施加围压时,利用超声波对锚固锚杆进行检测;其次,施加2 MPa的围压后,对锚杆进行超声波检测;然后,利用中空千斤顶对锚杆施加80 kN的拉拔载荷并保持不变,再次利用超声波进行检测;最后,当锚固锚杆发生完全脱黏后,再一次对锚杆进行超声波检测。根据超声导波检测结果,分析在80 kN拉拔载荷和2 MPa围压共同作用下锚杆发生脱黏长度及检测锚杆在不同拉拔载荷作用下的锚固质量。

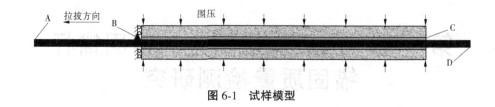

图 6-1　试样模型

6.3　试验结果与分析

6.3.1　无拉拔载荷下围压对导波传播的影响

在无拉拔载荷作用下，导波在围压分别为 0 MPa 和 2 MPa 时的传播如图 6-2 所示。从图中可知，无论锚固系统是否受围压作用，在锚杆 D 端都能同时接收到锚固系统 A 端和 B 端回波。但从导波波形形状看，在 2 MPa 围压作用下导波波形与无围压作用时的波形相比有点紊乱。以上现象反映了在围压作用下导波的波速不会发生变化，而围压作用导致混凝土越坚硬，水泥砂浆与锚杆间黏结更加紧密，锚杆锚固质量增强，锚杆横向振动固有频率增大，围压从而限制了导波在传播过程中的振动，进而削弱了导波的传播规律，对导波传播规律性起着弱化效应。从图 6-3 中导波传播的频域可以看出，围压增加到 2 MPa 时，导波的低频最大振幅与高频最大振幅比值 Q 从 0.086 增加到 0.215，即低频所占比例增大，导波频率从高频向低频转移，弱化了导波的传播规律。

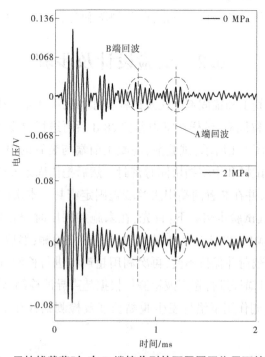

图 6-2　无拉拔载荷时，在 D 端接收到的不同围压作用下的导波

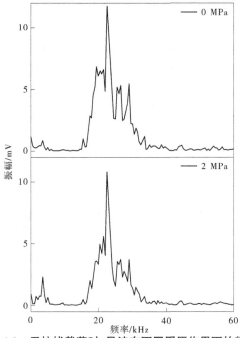

图 6-3 无拉拔载荷时,导波在不同围压作用下的频域

6.3.2 围压为 2 MPa 时,拉拔载荷对导波传播的影响

当围压为 2 MPa 时,在不同拉拔载荷作用下的检测信号如图 6-4 所示。

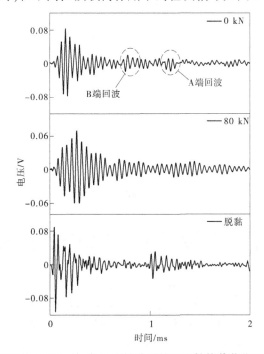

图 6-4 围压为 2 MPa 时,在 D 端接收到的不同拉拔载荷作用下的导波

从图 6-4 中可知,当拉拔载荷为 0 时,很清晰地看出在锚杆 D 端接收到的锚固系统 B 端和 A 端的回波。根据导波在自由锚杆中的传播速度及在 D 端接收到的 A 端回波时间,可求得锚固状态下锚固段锚杆中导波速度为 4 145 m/s。而锚杆完全发生脱黏后,根据传播时间可求得导波在锚固段锚杆中传播速度为 4 854 m/s。利用拉拔载荷为 0 和锚杆完全脱黏时锚固段锚杆中导波的波速,可获得在 2 MPa 围压和拉拔载荷为 80 kN 共同作用下锚杆已经发生脱黏的长度为 198 mm,其占总锚固长度的比例为 13.2%,锚固质量相对降低,但锚杆没有发生屈服、硬化,还可以提供其最大承载能力。在拉拔载荷为 80 kN 时,导波在 1 500 mm 长的锚固段锚杆中的平均波速为 4 573 m/s。

围压为 2 MPa 时,导波在不同载荷作用下的频域如图 6-5 所示,随着拉拔载荷从 0 增加到 80 kN 再到锚杆完全发生脱黏,导波信号的主频却稍微减小,发生偏移,依次为 22.6 kHz、21 kHz 和 19.8 kHz,这主要是锚固锚杆系统发生损伤引起的,此现象与傅翔等结果一致。

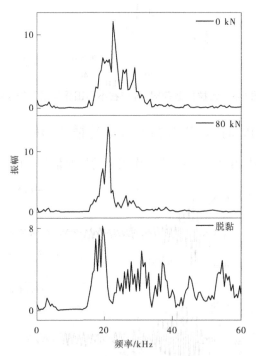

图 6-5　围压为 2 MPa 时,导波在不同载荷作用下的频域

6.4　数值模拟围压作用下锚杆锚固质量检测

本节中的数值模型也如图 6-1 所示,根据试验中设定,混凝土前端界面固定。在此数值模拟中,超声导波输入波形为经过汉宁窗的调制而得到的 10 周期且频率为 22 kHz 的正弦波(如图 4-8 所示)。作用在深部岩体中的常规锚杆在服役过程中其应力变化达到 10~15 MPa,因此在数值模拟中,充分考虑围压为 0 MPa、2 MPa、5 MPa、10 MPa 和 15 MPa,用于研究围压对超声导波传播规律的影响,确定围压作用下锚杆的锚固质量。

6.4.1 无拉拔载荷下围压对导波传播的影响

图 6-6 为无拉拔载荷作用时,围压对超声导波传播的影响。从图中可知,随着围压的增大,导波传播信号逐渐变得振动,这主要是由于围压作用下锚杆径向受力越来越大,导波传播受到限制并逐渐变得振荡。在 0 MPa、2 MPa 和 5 MPa 时,在锚杆 A 端接收到的 B 端、C 端回波清晰可见,波包很完整,围压作用不太明显,此现象与试验中 2 MPa 围压下锚杆中导波传播规律相似。而当围压增加到 10 MPa 和 15 MPa 后,导波传播规律性减弱,回波波包出现明显振荡现象,围压作用逐渐显著。在施加围压的初始阶段,混凝土和水泥砂浆受到围压作用,围压越大,二者中的微裂纹和裂纹的体积闭合量越大。而随着围压的增大,围压的作用限制了混凝土和水泥砂浆中微裂纹和裂隙的体积变化,围压越大限制作用越强烈。随着施加围压的增大,锚杆与水泥砂浆黏结更加紧密,黏结延展性增大,锚杆径向受力增大,因此锚杆锚固质量增强。超声导波在锚杆中传播过程中,围压限制了超声导波的径向振动而使导波波包出现振荡,而没有减弱导波的传播速度,这与试验现象相一致,因此在不同围压下导波能同时到达锚固系统底端。根据以上结果可知,在无拉拔载荷作用时,随着围压的增大,围压对导波传播规律的弱化效应越显著。

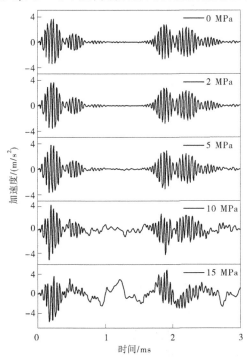

图 6-6 无拉拔载荷作用下,围压对超声导波传播的影响

在不同围压作用下,导波中频率变化如图 6-7 所示,随着围压的增大,导波中低频部分逐渐增大,而从图 6-8 中 Q 值与围压的关系可知,Q 值随着围压的增大而呈指数关系增大。在较低围压下,Q 值增加缓慢,而在高围压作用下,Q 值增加迅速,进一步说明了高围压作用下导波中高频部分向低频部分转移较多,因此导致导波传播规律性减弱。

图 6-9 为无拉拔载荷作用时,在不同围压作用下超声导波的传播过程云图,展示的是

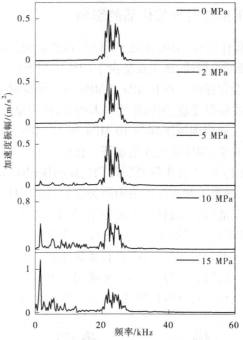

图 6-7 不同围压下,导波中频率变化

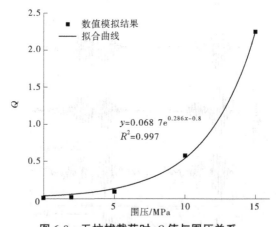

图 6-8 无拉拔载荷时,Q 值与围压关系

圆柱体试样四分之三的模型,便于观察锚固系统内部的导波传播过程。当围压为 2 MPa 时,超声导波传播基本不受围压的影响,传播云图与无围压情况下基本一致,无明显差别。而围压为 5 MPa 时,超声导波传播过程开始受围压影响,在导波刚开始传播时,在锚固体的前端存在一定的影响区域,但随着时间的推移,导波在锚固系统中的传播逐渐变得清晰,如同图 6-6 中导波传播曲线一样。围压增加到 10 MPa 时,围压的影响作用增强,有一些零乱的传播信号出现,但从传播云图中还能看得出导波到达 B 端、C 端、D 端及回波到达 A 端、B 端、C 端的时间。当围压增加到 15 MPa 时,围压影响作用最为明显。由于锚杆的未锚固段不受围压作用,从传播云图可以看出导波到达 B 端的时间,但锚固体受围压影响,导致导波在锚固体中传播比较紊乱,规律性较差,无法准确确定导波到达 C 端、D 端

及回波到达 A 端、B 端、C 端的时间,此现象说明在无拉拔载荷作用下,围压越大,围压的弱化效应越强,以致影响导波传播越显著。

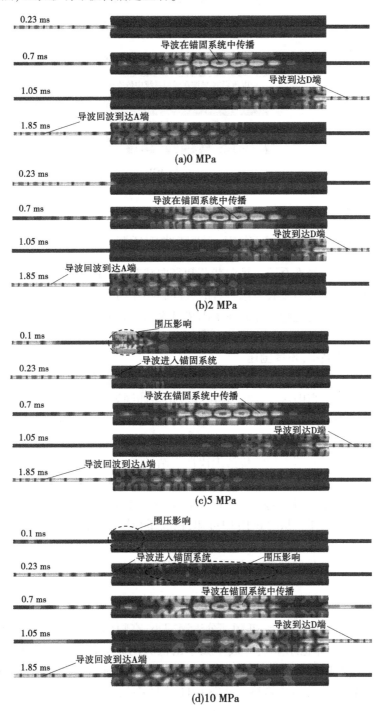

图 6-9 无拉拔载荷作用时,在不同围压下超声导波传播过程云图

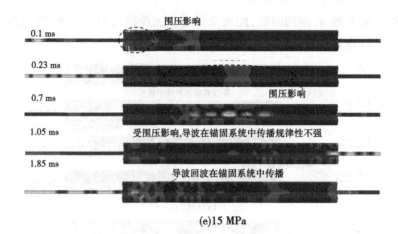

续图 6-9

6.4.2 拉拔载荷和围压共同作用下锚杆锚固质量检测

锚杆在服役期间,经常会受到轴向载荷和径向载荷的共同作用,而在锚杆锚固质量检测中,国内外众多学者基本没有考虑二者的共同影响作用,因此在本节中主要考虑拉拔载荷和围压的共同作用,研究超声导波在锚固锚杆系统中的传播规律,确定锚杆锚固质量。此研究分为两种工况:①相同拉拔载荷而围压不同;②相同围压而拉拔载荷不同。

6.4.2.1 相同拉拔载荷、不同围压

图 6-10 为在相同拉拔载荷作用下,围压对超声导波传播的影响。在图 6-10(a)中,拉拔载荷同为 50 kN 时,当围压为 0 时,超声导波传播如同第 4、5 章节中导波在拉拔载荷作用下一样,主要是由于拉拔载荷扰乱了导波的传播,导致其传播毫无规律。当围压增加至 5 MPa 时,导波传播规律性开始增强,不过导波波包还是有些振荡,但能看出 C 端的回波。随着围压的进一步增加,超声导波传播规律性逐渐增强,说明大围压的存在减弱了拉拔载荷的弱化效应作用,抑制了导波传播的离散性。在图 6-10(b)中,拉拔载荷同为 100 kN 时,在较低围压作用下,导波传播无规律可言,随着围压从 0 增加到 15 MPa,导波传播相对好一点,但还是无规律。从图 6-10 中可知,在围压和拉拔载荷共同作用下,相对于拉拔载荷对导波传播规律性的弱化效应而言,围压对导波的传播规律性起着强化的作用,且围压越大,强化效应越显著,但在较大拉拔载荷作用下,围压的强化效应弱于拉拔载荷的弱化效应。

在拉拔载荷作用下,导波中频率随围压的变化如图 6-11 所示,在拉拔载荷为 50 kN 时,导波中频率随着围压的增大,低频部分逐渐减小,高频部分增大,Q 值呈指数关系减小(见图 6-12),即随着围压的增大,导波中频率由低频向高频转移。而在 100 kN 载荷下,随着围压的增大,高频部分无明显增大,低频部分减小,从图 6-12 中可以发现随着围压的增大,Q 值呈指数关系减小的趋势。从图 6-11 中频率的转移中反映了在拉拔载荷作用下,围压对导波传播规律性起着强化作用。

第6章 围压作用下全长锚固锚杆锚固质量检测研究

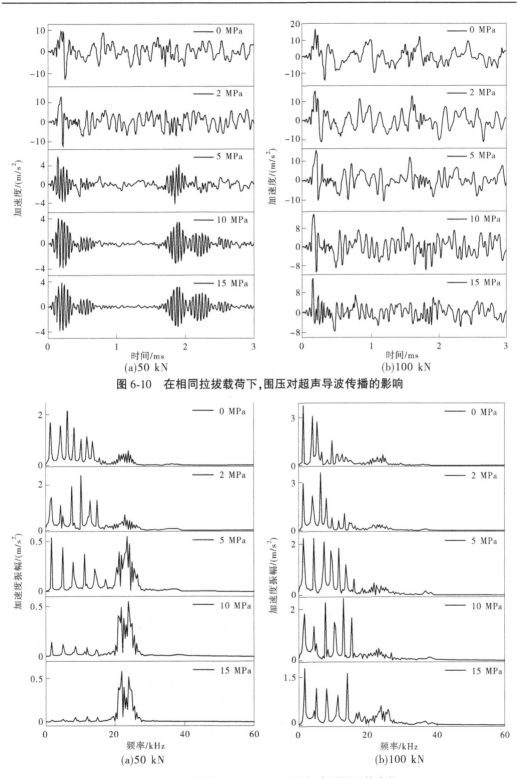

图 6-10 在相同拉拔载荷下,围压对超声导波传播的影响

图 6-11 在拉拔载荷作用下,导波中频率随围压的变化

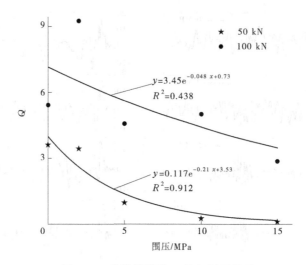

图 6-12　拉拔载荷下，Q 值与围压关系

图 6-13 为拉拔载荷为 50 kN 时，在不同围压作用下超声导波在锚固系统中的传播过程。在无围压作用情况下，锚杆只受拉拔载荷影响，超声导波传播比较紊乱，无法分辨出导波传播规律。随着围压的增加，从导波传播云图看，导波传播的规律性增强，如同图 6-10(a)中导波传播的曲线一样越来越好。在较低拉拔载荷作用时，围压越大，导波传播规律性越好，此现象说明较低拉拔载荷下，较大的围压对导波传播规律性的强化效应强于拉拔载荷对其的弱化效应。

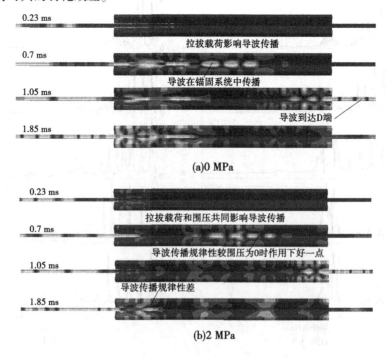

图 6-13　拉拔载荷为 50 kN，在不同围压下作用超声导波传播过程

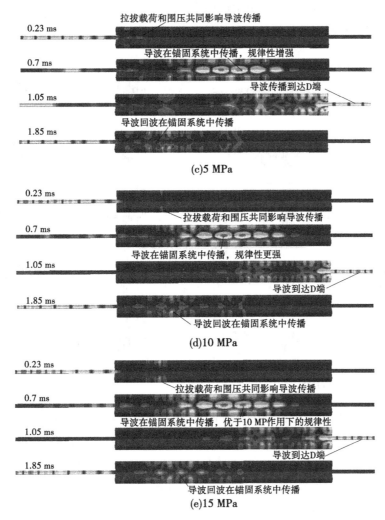

续图 6-13

6.4.2.2 相同围压、不同拉拔载荷

在相同围压作用下,拉拔载荷对超声导波传播的影响如图 6-14 所示。在图 6-14(a)中,围压同为 5 MPa 时,当拉拔载荷增大到 50 kN,超声导波传播变得稍微紊乱,但还是可以看出 C 端回波,而在 75 kN 载荷下,导波已经变得毫无规律。在图 6-14(b)中,围压为 15 MPa 时,当无拉拔载荷时,导波传播规律性很差,Q 值较高,主要是无拉拔载荷时围压的弱化效应引起的。当拉拔载荷增加到 25 kN 时,导波传播规律性增强,这主要由于拉拔载荷作用下围压的强化效应起作用。随着拉拔载荷增加到 75 kN,导波传播相对而言有规律,但增加到 100 kN,导波传播就无规律了。从图 6-14 中可知,在相同围压作用下,随着拉拔载荷的增加,超声导波传播逐渐变得无规律,说明超声导波的传播对应力水平具有很强的敏感性。拉拔载荷同为 50 kN 时,超声导波传播信号在围压 15 MPa 情况下比围压为 5 MPa 的规律性要好。而在同为 75 kN 拉拔载荷下,围压为 15 MPa 时,导波传播有一定规律性,C 端回波清晰可见;而围压为 5 MPa 时,导波传播就毫无规律,说明围压对导波

传播规律性起着强化作用。在相同围压作用下,随着拉拔载荷的增大,导波传播逐渐变得无规律,拉拔载荷对超声导波的传播规律性起着弱化作用。

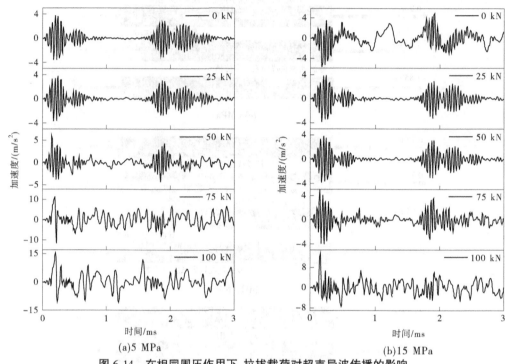

图 6-14　在相同围压作用下,拉拔载荷对超声导波传播的影响

图 6-15 为在相同围压作用下,导波中频率随拉拔载荷的变化情况。在 5 MPa 围压作用下,导波中高频部分随着拉拔载荷的增大而降低,而低频部分随着拉拔载荷的增大而增大,即 Q 值随着拉拔载荷的增大而呈二次多项式函数关系增大(见图 6-16)。围压为 5 MPa 时,在较低拉拔载荷下,Q 值增加缓慢,但拉拔载荷从 50 kN 增加到 75 kN,Q 值迅速增加。而在围压 15 MPa 作用下,由于无拉拔载荷时围压对导波传播规律起弱化作用,导波频率中低频部分很大,而高频部分很低,导致 Q 值很大,随着拉拔载荷的增加,Q 值呈二次多项式函数关系变化,即先减小后增大。

当围压为 5 MPa 时,锚杆在不同拉拔载荷作用下的脱黏情况如图 6-17(a)所示,锚杆的脱黏长度随着载荷的增加而增加,在锚固体的前端,锚杆与水泥砂浆间黏结强度降低,锚杆与水泥砂浆之间出现间隙,导致超声导波在锚固系统前端不能很好地衍射到水泥砂浆和混凝土中。但又受到围压的作用,限制了超声导波在锚杆中的径向振动,导致导波传播出现紊乱现象。而围压为 15 MPa 时,锚杆在不同拉拔载荷作用下的脱黏情况如图 6-17(b)所示,同样表现出锚杆的脱黏长度随着载荷的增加而增加,但增加速度比围压为 5 MPa 时慢,如图 6-18 所示,随着拉拔载荷的增大,锚杆脱黏长度的差距越来越大。当围压为 15 MPa 时,在 25 kN 拉拔载荷下,锚杆基本没有发生脱黏,而在 5 MPa 作用下已发生脱黏 71 mm,这主要由于在高围压作用下,混凝土和水泥砂浆内的微裂纹和裂纹的闭合量较大,导致锚杆与水泥砂浆之间的黏结强度增强,即二者之间的黏结更加紧密。从

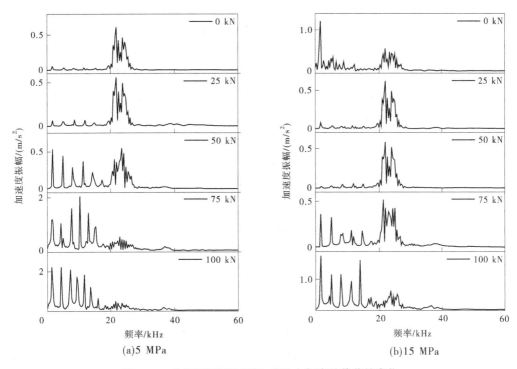

图 6-15　在相同围压作用下,导波中频率随载荷的变化

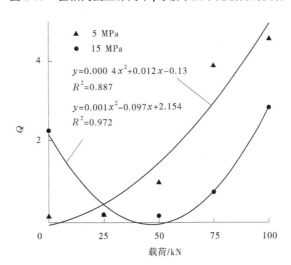

图 6-16　在围压作用下,Q 值与拉拔载荷的关系

图 6-17 中可知,在相同拉拔载荷作用下,围压越大,锚杆脱黏的长度越短,因而锚杆的锚固质量越好;而在相同围压作用下,拉拔载荷越大,锚杆脱黏的长度越长,锚杆锚固质量越差。

当围压为 15 MPa 时,在不同拉拔载荷作用下超声导波在锚固系统中的传播过程如图 6-19 所示。受围压和拉拔载荷共同影响,超声导波在锚固体前端传播时,有点紊乱。而随着时间的增加,在较低拉拔载荷下,导波传播规律性很好,如同图 6-14(b)中传播信号一样。当拉拔载荷增加到 75 kN 时,导波回波在锚固系统中传播过程受围压和拉拔载荷共同影响相对较大,规律性相对减弱。而随着拉拔载荷的进一步增加,导波传播云图变得更加紊乱,围压和拉拔载荷二者共同影响更大。出现以上现象的原因主要是在较高拉拔载荷作用下,锚杆与水泥砂浆间界面开始发生脱黏[见图 6-17(b)和图 6-18)],且拉拔载荷越大,脱黏的长度越长,导波不能很好地衍射到水泥砂浆和混凝土中,同时围压的存在又限制了导波的径向振动,导致导波传播规律性减弱。

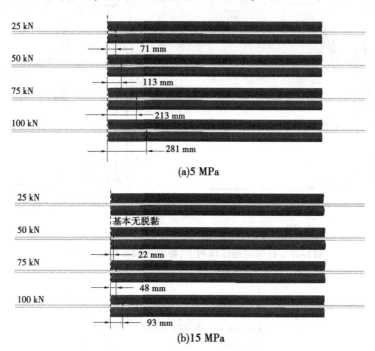

图 6-17　锚杆在不同拉拔载荷下的脱黏情况

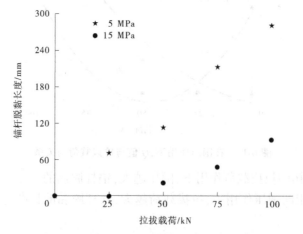

图 6-18　锚杆在不同拉拔载荷下的脱黏长度

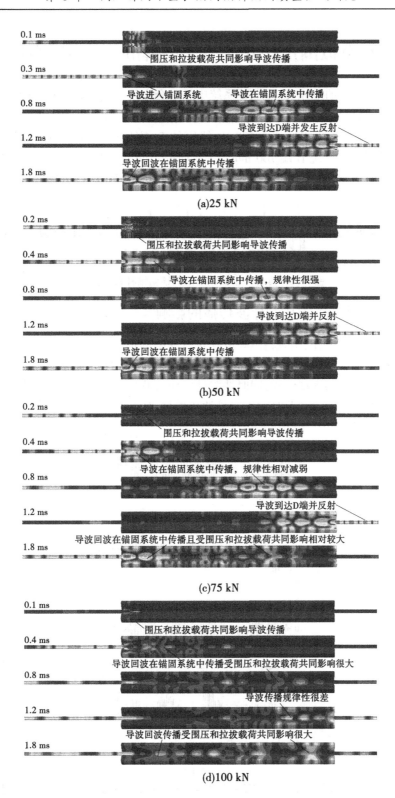

图 6-19 围压为 15 MPa 时,在不同拉拔载荷下超声导波传播过程

6.5 数值模拟围压作用下含有缺陷的锚杆锚固质量检测

根据 1.3.3 节中的描述,锚固锚杆系统中经常会出现缺陷,而缺陷的存在时刻影响着结构的安全。因此,本节在考虑围压作用下,研究含有缺陷的锚固锚杆系统的锚固质量。数值模型如图 6-20 所示,锚杆长 2 500 m,锚固体 B 端距 A 端 700 mm,缺陷长度为 100 mm,缺陷 C 端距锚固系统 B 端 700 mm。为了研究不同围压下含有缺陷的锚杆锚固系统中锚杆的锚固质量,对锚固系统施加的围压分别为 0 MPa、5 MPa、10 MPa 和 15 MPa。

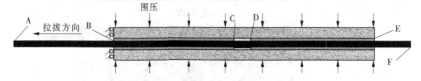

图 6-20 具有一个黏结缺陷的锚固锚杆系统模型

6.5.1 无拉拔载荷下围压对导波传播的影响

无拉拔载荷作用下,围压对超声导波在含有缺陷的锚固锚杆系统中的传播如图 6-21 所示。从图中可知,随着围压的增大,导波传播规律性逐渐变差,此现象和导波在无缺陷的锚固锚杆系统中传播规律一样,同时缺陷处的回波波包随着围压的增大也变得波动,缺陷的存在无法改变无拉拔载荷时围压对导波传播规律的弱化作用。

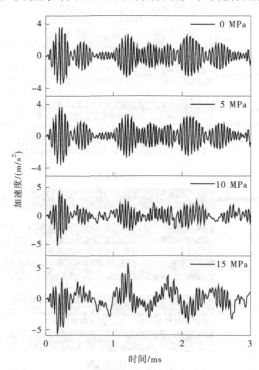

图 6-21 无拉拔载荷作用下,围压对超声导波在含有缺陷的锚固锚杆系统中的传播

无拉拔载荷作用下,导波中频率随围压的变化如图 6-22 所示,在含有缺陷的锚固系统中,随着围压的增大,锚杆中导波频率的低频部分相应增大,高频部分减小。Q 值(见图 6-23)随着围压的增大而呈指数关系增大,此现象和无缺陷时 Q 值的变化趋势一致,说明缺陷的存在无法改变 Q 值随围压的变化趋势。

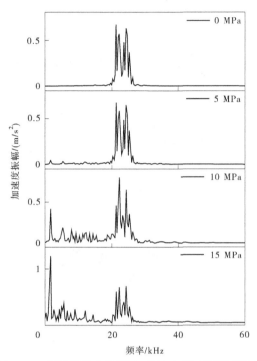

图 6-22　无拉拔载荷作用下,导波中频率随围压的变化

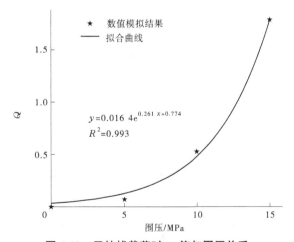

图 6-23　无拉拔载荷时,Q 值与围压关系

无拉拔载荷作用下,在不同围压下导波在含有缺陷的锚固锚杆系统中传播过程如图 6-24 所示。在无围压作用下,导波传播规律性比较好,在 0.3 ms 时导波到达锚固系统 B 端,然后继续沿锚杆向远端传播并到达缺陷处,在缺陷处,部分导波继续向远端传播,部

分导波反射回加载端,在 1.2 ms 时回波能量峰值到达加载端头。在 5 MPa 围压作用下,受围压作用影响,导波传播规律性稍微差一点,但在 0.7 ms 时,从传播云图中还能清楚地看到导波能量峰值到达缺陷处,然后一部分反射回加载端,一部分继续向锚固系统远端传播。随着围压增加到 10 MPa 和 15 MPa,导波传播规律性越来越差,进一步说明了在无拉拔载荷作用下围压对导波的传播具有弱化作用,而缺陷的存在无法改变其弱化效应。

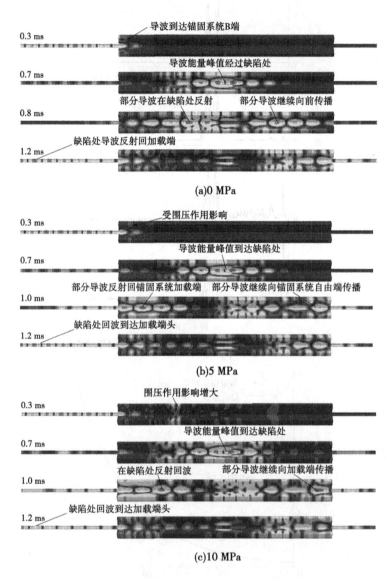

图 6-24 无拉拔作用并在不同围压下,导波在含有缺陷的锚固锚杆系统中传播过程

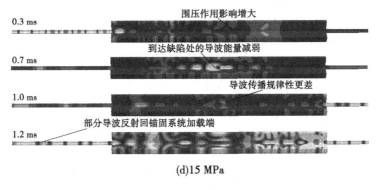

(d)15 MPa

续图 6-24

6.5.2 拉拔载荷下围压对导波传播的影响

正如 6.4.2 节中描述一样,含有黏结缺陷的锚杆在服役期间,也会经常受到轴向载荷和径向载荷的共同作用,因此本节同样考虑围压和拉拔载荷的共同作用下,对导波在锚固锚杆系统中的传播规律进行探讨,分为两种情况:①相同拉拔载荷而围压不同;②相同围压而拉拔载荷不同。

6.5.2.1 相同拉拔载荷、不同围压

当拉拔载荷为 50 kN 时,导波在不同围压作用下传播规律如图 6-25 所示。在相同拉拔载荷作用下,当围压为 0 kN 时,混凝土限制性较小,锚杆发生脱黏长度较长,导波受干扰情况加剧,导致导波传播比较紊乱。随着围压的增大,锚固系统径向受力增大,锚杆与水泥砂浆间的黏结增强,导致锚杆受到的限制性增强,因此锚杆脱黏长度逐渐减小,锚固质量增强,导波传播规律性也逐渐增强,缺陷处回波逐渐清晰可见。因此,和导波在无缺陷锚固锚杆系统中传播一样,围压相对于拉拔载荷而言,对导波传播规律性具有强化作用,在相同拉拔载荷下,围压越大,强化效应越强。

在 50 kN 拉拔载荷作用下,导波中频率随围压的变化如图 6-26 所示,随着围压的增大,锚杆中导波频率低频部分降低,而高频部分增大,即 Q 值[见图 6-27]围压的增大呈指数关系减小。说明在相同拉拔载荷作用下,围压对导波传播规律性起着强化作用。

图 6-28 是拉拔载荷为 50 kN 时,导波在不同围压作用下的传播过程。当无围压作用时,导波在拉拔载荷 50 kN 作用下的传播过程规律性不强,而随着围压的增大,可以逐渐清晰地看出导波能量峰值到达缺陷处,并且导波在缺陷处发生反射,在 1.2 ms 时,缺陷处的回波到达加载端头,导波传播规律性增强。导波传播云图也进一步反映了在拉拔载荷作用下围压对导波传播规律具有的强化效应。

6.5.2.2 相同围压、不同拉拔载荷

当围压为 10 MPa 时,导波在不同拉拔载荷下的传播规律如图 6-29 所示。在 0 kN 拉拔载荷作用下,导波传播规律受围压作用影响,波包有点振荡,在无拉拔载荷作用下围压对导波的传播有弱化作用,不过缺陷处回波依然清晰可见。但当拉拔载荷增加到 50 kN 和 75 kN 时,导波传播规律性逐渐弱化,同样锚杆锚固质量也越来越差,特别是在 75 kN

拉拔载荷下，基本看不出来缺陷处的回波。以上现象反映了在相同围压作用下拉拔载荷对导波传播规律具有弱化效应，且拉拔载荷越大，弱化效应越显著，从而导致在 A 端接收到的缺陷回波越不明显。

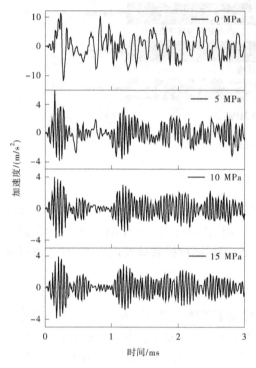

图 6-25　在 50 kN 拉拔载荷下，围压对导波传播规律的影响

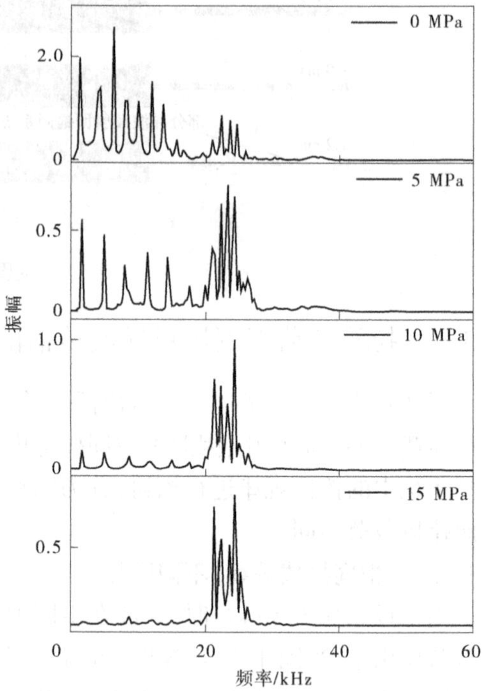

图 6-26　在 50 kN 拉拔载荷作用下，导波中频率随围压的变化

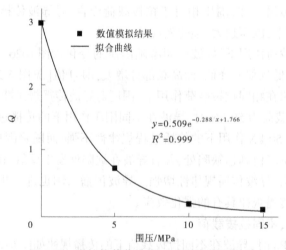

图 6-27　在拉拔载荷作用下，Q 值与围压关系

第6章 围压作用下全长锚固锚杆锚固质量检测研究

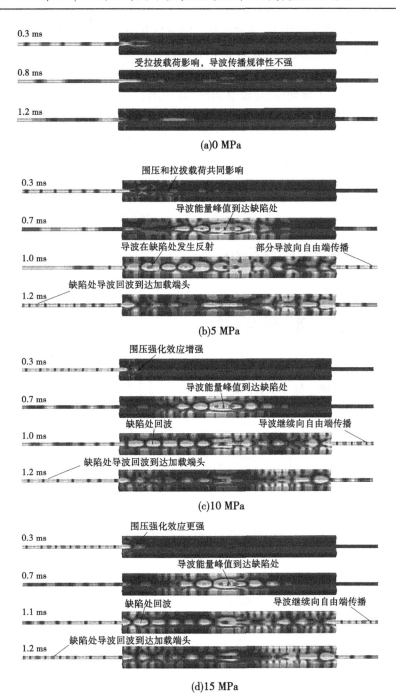

图 6-28　在 50 kN 拉拔载荷下,围压对导波传播过程的影响

图 6-30 为在 10 MPa 围压下,导波中频率随拉拔载荷的变化情况。在无拉拔载荷时,围压对导波传播规律性起弱化作用,Q 值相对较大。拉拔载荷增加到 50 kN,导波中高频部分增大,低频部分降低,这主要在围压和拉拔载荷共同作用时,围压的强化作用强于拉拔载荷的弱化作用,占主导地位,导致 Q 值降低[见图 6-31]。而当拉拔载荷增加到 75 kN 和 100 kN 时,高频部分降低,低频部分增大,导波中频率向低频转移。从图 6-31 中可知,Q 值随着拉拔载荷的增大呈二次多项式函数关系先减小后增大,锚杆锚固质量降低。

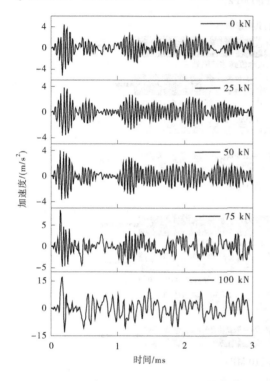

图 6-29 在 10 MPa 围压作用下,拉拔载荷对导波传播规律的影响

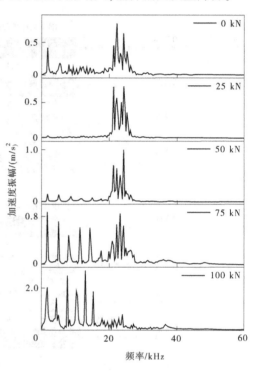

图 6-30 在 10 MPa 围压作用下,导波中频率随拉拔载荷的变化

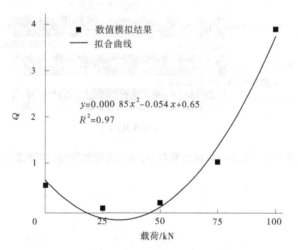

图 6-31 在 10 MPa 围压下,Q 值与拉拔载荷的关系

图 6-32 为在 10 MPa 围压作用下,导波在不同拉拔载荷下的传播过程。起初,导波只受围压作用,从云图中看,导波传播过程相对较好,在 0.7 ms 时,导波能量峰值到达缺陷处,然后部分能量在缺陷处反射回锚固系统加载端,而部分能量继续向锚固系统远端传播。而在 50 kN 和 75 kN 拉拔载荷作用下,部分锚杆已发生脱黏,锚杆与水泥砂浆间的黏结性减弱,但同时在围压作用下,在锚杆脱黏处,增大了锚杆与水泥砂浆间的摩擦阻力,导致导波在传播过程中能量耗散增大,导波传播规律性减弱。因此,在相同围压作用下,随着拉拔载荷的增大,锚杆锚固质量逐渐变差。

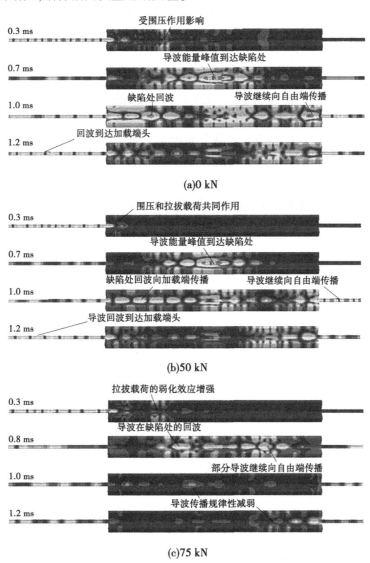

图 6-32 在 10 MPa 围压作用下,拉拔载荷对导波传播过程的影响

6.6 小 结

本章通过试验和数值模拟对围压和拉拔载荷共同作用下导波的传播规律性进行了研究,分析了不同拉拔载荷和围压共同作用下导波传播规律性,确定锚杆的锚固质量,得到以下结论:

(1)通过试验和数值模拟获得无拉拔载荷作用下,无论锚固锚杆系统是否含有缺陷,围压对导波传播规律性具有弱化效应,随着围压的增大,Q 值呈指数关系增大,锚杆与水泥砂浆间黏结增强,锚杆锚固质量增强,导波传播规律性逐渐减弱,围压限制了导波的径向振动而使导波波包出现振荡。

(2)在相同拉拔载荷作用下,无论锚固锚杆系统是否含有缺陷,随着围压的增大,Q 值呈指数关系减小,即导波频率中低频部分减小,高频部分增大,围压对导波传播规律性的强化效应增强,锚杆锚固质量增强。

(3)在相同围压作用下,随着拉拔载荷的增大,Q 值呈二次多项式函数关系变化。围压较低时,Q 值随拉拔载荷的增大而增大;围压较高时,Q 值随拉拔载荷的增大先减小后增大,锚杆的锚固质量变差。

(4)在围压和拉拔载荷共同作用下,锚固锚杆系统中缺陷的存在,无法改变拉拔载荷对导波传播规律性的弱化效应及无拉拔载荷作用下围压的弱化效应和在拉拔载荷作用下围压的强化效应。

第7章 结论与展望

7.1 结　论

本书通过理论分析、室内试验和数值模拟等方法对全长锚固锚杆载荷传递行为及锚固质量和缺陷的检测进行了深入研究。主要研究内容包括超声导波的传播特性和试验装置的研制、全长锚固锚杆载荷传递行为分析、锚固锚杆系统中缺陷检测、无围压作用下锚杆锚固质量检测和围压作用下锚杆锚固质量检测等方面，取得的主要成果如下：

(1) 对自由锚杆和锚固锚杆中超声导波的频散特性进行求解，得到两种情况下锚杆中的群速度、相速度和波数与频率的关系，选出最优激发频率，减少超声导波传播过程中的模态量，便于超声导波信号的分析，为后面章节的数值模拟提供理论基础。研制了能对锚固长度为 1 500 mm、直径为 150 mm 的圆柱体锚固锚杆系统试样施加围压和拉拔载荷并在二者共同作用(或单一作用)下进行应力波检测的试验装置。

(2) 根据锚杆直径和锚固剂固化时间不同，锚杆拉拔的破坏模式分为锚杆拔出和锚杆拔出并伴随混凝土部分劈裂破坏。锚杆的最大载荷、位移和能量吸收与锚固剂强度和试样破坏模式有关。随着锚固长度从 250 mm 增加到 1 500 mm，锚固锚杆系统的破坏过程从锚杆-水泥砂浆界面完全损伤时自由端发生少许损伤向加载端和自由端都发生损伤并相互扩展，最后两端损伤连接转换。通过数值模拟获得锚杆在拉拔过程中发生屈服和颈缩的临界锚固长度。提高锚杆的粗糙度即锚杆与锚固剂界面之间的摩擦系数，可以增强锚固锚杆系统的残余支护能力。

(3) 提出了含有缺陷的系统中锚杆在不同拉拔载荷作用下的脱黏长度与频率振幅比(Q)的关系，脱黏长度随着 Q 值的增大而指数变小，即 $L = e^{4.77-2.71Q}$，定量分析了锚杆的锚固质量。利用超声导波检测获得锚杆锚固缺陷的个数、位置及大小等信息。拉拔载荷作用下导波在含有缺陷的锚固系统中传播过程规律性不强，拉拔载荷对导波传播起着弱化作用，这主要是由于锚杆部分发生脱黏和缺陷，导致锚杆与水泥砂浆、锚杆与缺陷间波阻抗发生变化。载荷越大，弱化效应越显著，进一步说明了导波传播对载荷具有较强的敏感性。

(4) 通过对超声导波检测信号进行小波多尺度分析，得到在 100 kN 拉拔载荷作用下锚杆的脱黏长度，脱黏长度随着 Q 值的增大而呈指数关系减小，即 $L = e^{2.375-2.031Q}$。随着拉拔载荷的增大，然后到锚杆完全脱黏，锚杆在锚固段波速增大，锚杆锚固质量变差。相同锚固长度下，随着应力的增加，锚杆锚固状态发生变化，锚杆与水泥砂浆界面部分发生脱黏或处于软化阶段，导致导波能量耗散逐渐降低，锚杆锚固质量变差。

(5) 无论锚固锚杆系统是否含有缺陷，无拉拔载荷作用下，围压对导波传播规律性起着弱化作用，随着围压的增大，Q 值呈指数关系增大，即无缺陷时 $Q = 0.068\ 7e^{0.286\sigma-0.8}$（$\sigma$

为围压),有缺陷时 $Q = 0.016\,4\mathrm{e}^{0.261\sigma+0.774}$,导波传播规律性逐渐减弱,围压限制了超声导波的径向振动而使导波波包出现振荡。在相同拉拔载荷作用下,围压对导波传播规律性起着强化作用,随着围压的增大,Q 值呈指数关系减小,即无缺陷时在 50 kN 载荷下 $Q = 0.117\mathrm{e}^{-0.21\sigma+3.53}$,100 kN 载荷下 $Q = 3.54\mathrm{e}^{-0.048\sigma+0.73}$,有缺陷时在 50 kN 载荷下 $Q = 0.509\mathrm{e}^{-0.288\sigma+1.766}$,锚杆锚固质量增强。在相同围压作用下,$Q$ 值随着拉拔载荷的增大而呈二次多项式函数关系变化,即无缺陷时在 5 MPa 围压下 $Q = 0.000\,4P^2 + 0.012P - 0.13$($P$ 为拉拔载荷),围压较低时,Q 值随着拉拔载荷的增大而增大,围压的强化效应弱于拉拔载荷的弱化效应;围压较大时,即无缺陷时在 15 MPa 围压下 $Q = 0.001P^2 - 0.097P + 2.154$,有缺陷时在 10 MPa 围压下 $Q = 0.000\,85P^2 - 0.054P + 0.65$,$Q$ 值随着拉拔载荷的增大先减小后增大。

7.2 展 望

本书首先对锚固较长的全长锚固锚杆进行载荷传递行为分析,然后考虑围压和拉拔载荷的影响,利用超声导波对全长锚固锚杆系统进行无损检测,以确定锚杆锚固质量及缺陷检测,取得了一些成果,但由于锚固锚杆工程的复杂性及作者的能力有限,该研究还处于初级阶段,仍需进一步深入研究:

(1)试验装置施加围压时比较困难,试样密封较难,容易漏水,因此需要对其改进以便于较容易地对锚固锚杆系统试样施加围压。

(2)室内试验虽然能反映现场锚杆所受的应力状态,但和实际工程还存在一定的差距。由于影响现场锚杆锚固质量和缺陷检测试验的因素很多且复杂,因此,需要将锚杆锚固质量和缺陷检测的室内试验与现场相结合,从而优化检测方法,合理地评价锚杆锚固质量及检测缺陷信息。

(3)由于矿产开采过程中受爆破等冲击载荷的影响,致使作用于地下巷道、硐室围岩体中的锚杆受力状况是瞬态的,导致锚杆发生脱黏或断裂,因此考虑动态载荷后锚杆的无损检测是有必要的。

参 考 文 献

[1] Wang Cheng, He Wen, Ning Jianguo, et al. Propagation properties of guided wave in the anchorage structure of rock bolts[J]. Journal of Applied Geophysics, 2009, 69:131-139.

[2] Bobet A, Einstein H H. Tunnel reinforcement with rockbolts[J]. Tunnelling and Undergroud Space Technology, 2011, 26:100-123.

[3] 吴文平,冯夏庭,张传庆,等.深埋硬岩隧洞系统砂浆锚杆的加固机制与加固效果模拟方法[J].岩石力学与工程学报, 2012, 31(S1):2711-2721.

[4] 陆士良,汤雷,杨新安.锚杆锚固力与锚固技术[M].北京:煤炭工业出版社,1998.

[5] 袁彦辉,肖明,陈俊涛.全长黏结式锚杆沿程应力分布模拟方法[J].岩土力学, 2018, 39(5):1908-1916.

[6] Yiming Zhao, Mijia Yang. Pull-out behavior of an imperfectly bonded anchor system [J]. International Journal of Rock Mechanics and Mining Sciences, 2011, 48:469-475.

[7] Chang Xu, Zihan Li, Shanyong Wang, et al. Pullout performances of grouted rockbolt systems with bond defects [J]. Rock Mechanics and Rock Engineering, 2018, 51:861-871.

[8] Feng Xu, Kai Wang, Shuguang Wang, et al. Experimental bond behavior of deformed rebars in half-grouted sleeve connections with insufficient grouting defect[J]. Construction and Building Materials, 2018, 185:264-274.

[9] Cui Y, Zou D H. Assessing the effects of insufficient rebar and missing grout in grouted rock bolts using guided ultrasonic waves [J]. Journal of Applied Geophysics, 2012, 79:64-70.

[10] Congqi Fang, Karin Lundgren, Liuguo Chen, et al. Corrosion influence on bond in reinforced concrete [J]. Cement and Concrete Research, 2004, 34:2159-2167.

[11] Tondolo F. Bond behaviour with reinforcement corrosion [J]. Construction and Building Materials, 2015, 93:926-932.

[12] Craig P, Serkan S, Hagan P, et al. Investigations into the corrosive environments contributing to premature failure of Australian coal mine rock bolts [J]. International Journal of Mining Science and Technology, 2016, 26:59-64.

[13] Lok Priya Srivastava, Mahendra Singh. Empirical estimation of strength of jointed rocks traversed by rock bolts based on experimental observation [J]. Engineering Geology, 2015, 197:103-111.

[14] Lok Priya Srivastava, Mahendra Singh. Effect of fully grouted passive bolts on joint shear strength parameters in a blocky mass [J]. Rock Mechanics and Rock Engineering, 2015, 48:1197-1206.

[15] Ghadimi M, Shahriar K, Jalalifar H. A new analytical solution for the displacement of fully grouted rock bolt in rock joints and experimental and numerical verifications [J]. Tunnelling and Undergroud Space Technology, 2015, 50:143-151.

[16] Nie W, Zha Z Y, Ma S O, et al. Effects of joints on the reinforced rock units of fully-grouted rockbolt [J]. Tunnelling and Undergroud Space Technology, 2018, 71:15-26.

[17] Ghadimi Mostafa, Shahriar Korosh, Jalalifar Hossein. Optimization of the fully grouted rock bolts for load transfer enhancement [J]. International Journal of Mining Science and Technology, 2015, 25(5):707-712.

[18] Spearing A J S, Hyett A J, Kostecki T, et al. New technology for measuring the in situ performance of

rock bolts [J]. International Journal of Rock Mechanics and Mining Sciences, 2013, 57:153-166.

[19] Baek-Il Bae, Hyun-Ki Choi, Chang-Sik Choi. Bond stress between conventional reinforcement and steel fibre reinforced reactive powder concrete [J]. Construction and Building Materials, 2016, 112:825-835.

[20] Cao Chen, Ren Ting, Chris Cook. Introducing aggregate into grouting material and its influence on load transfer of the rock bolting system [J]. International Journal of Mining Science and Technology, 2014, 24:325-328.

[21] Gerardo M Verderame, Paolo Ricci, Giovanni De Carlo, et al. Cyclic bond behavior of plain bars. Part I: Experimental investigation [J]. Construction and Building Materials, 2009, 23:3499-3511.

[22] Gerardo M Verderame, Giovanni De Carlo, Paolo Ricci, et al. Cyclic bond behavior of plain bars. Part II: Analytical investigation [J]. Construction and Building Materials, 2009, 23:3512-3522.

[23] Pul S. Loss of concrete-steel bond strength under monotonic and cyclic loading of lightweight and ordinary concrete [J]. Iranian Journal of Science and Technology, Transaction B: Engineering, 2010, 34(B4): 397-406.

[24] Alavi-Fard M, Marzouk H. Bond of high-strength concrete under monotonic pull-out loading [J]. Magazine of Concrete Research, 2004, 56(9):545-557.

[25] Alavi-Fard M, Marzouk H. Bond behavior of high strength concrete under reversed pull-out cyclic loading [J]. Canadian Journal of Civil Engineering, 2002, 29(2):191-200.

[26] 宋洋,张向东,李庆文,等.端锚黏结式锚杆受力特性试验研究[J].长江科学院学报,2014,31(6): 73-77,82.

[27] Xingyu Gu, Bin Yu, Ming Wu. Experimental study of the bond performance and mechanical response of GFRP reinforced concrete [J]. Construction and Building Materials, 2016, 114:407-415.

[28] Ali A Sayadi, Juan Vilches J, Thomas R Neitzert, et al. Effectiveness of foamed concrete density and locking patterns on bond strength of galvanized strip[J]. Construction and Building Materials, 2016, 115: 221-229.

[29] Shutong Yang, Zhimin Wu, Xiaozhi Hu, et al. Theoretical analysis on pullout of anchor from anchor-mortar-concrete anchorage system[J]. Engineering Fracture Mechanics, 2008, 75:961-985.

[30] Zhimin Wu, Shutong Yang, Yufei Wu, et al. Analytical method for failure of anchor-mortar-concrete anchorage due to concrete cone failure and interfacial debonding[J]. Journal of Structural Engineering, 2009, 135(4):356-365.

[31] Hyett A J, Bawden W F, Reichert R D. The effect of rock mass confinement on the bond strength of fully grouted cable bolts [J]. International Journal of Rock Mechanics and Mining Science and Geomechanics Abstracts, 1992, 29(5):503-524.

[32] Hyett A J, Bawden W F, Macsporran G R, et al. A constitutive law for bond failure of fully-grouted cable bolts using a modified Hoek Cell [J]. International Journal of Rock Mechanics and Mining Science and Geomechanics Abstracts, 1995, 32(1):11-36.

[33] Mahdi Moosavi, Ahmad Jafari, Arash Khosravi. Bond of cement grouted reinforcing bars under constant radial pressure [J]. Cement and Concrete Composites, 2005, 27:103-109.

[34] Laura Blanco Martin, Michel Tijani, Faouzi Hadj-Hassen, et al. Assessment of the bolt-grout interface behavior of fully grouted rockbolts from laboratory experiments under axial loads [J]. International Journal of Rock Mechanics and Mining Sciences, 2013, 63:50-61.

[35] Kaiser P K, Yazici S, Nose J. Effect of stress change on the bond strength of fully grouted cables [J]. International Journal of Rock Mechanics and Mining Sciences and Geomechanics Abstracts, 1992, 29(3):

293-306.

[36] Xue Zhang, Wei Dong, Jian-jun Zheng, et al. Bond behavior of plain round bars embedded in concrete subjected to lateral tension [J]. Construction and Building Materials, 2014, 54:17-26.

[37] Xue Zhang, Zhimin Wu, Jianjun Zheng, et al. Ultimate bond strength of plain round bars embedded in concrete subjected to uniform lateral tension [J]. Construction and Building Materials, 2016, 117:163-170.

[38] Xinxin Li, Zhimin Wu, Jianjun Zheng, et al. Effect of loading rate on the bond behavior of plain round bars in concrete under lateral pressure [J]. Construction and Building Materials, 2015, 94:826-836.

[39] Xinxin Li, Zhimin Wu, Jianjun Zheng, et al. Hysteretic bond stress-slip response of deformed bars in concrete under uniaxial lateral pressure [J]. Journal of Structural Engineering, 2018, 144(6):04018041.

[40] Tao Jiang, Xue Zhang, Zhimin Wu, et al. Bond-slip response of plain bars embedded in self-compacting lightweight aggregate concrete under lateral tensions [J]. Journal of Material in Civil Engineering, 2017, 29(9):04017084-1.

[41] Hamdy M Afefy, EI-Tony M EI-Tony. Bond behavior of embedded reinforcing steel bars for varying levels of transversal pressure [J]. Journal of Performance of Constructed Facilities, 2016, 30(2):040115023-1.

[42] Yue Cai, Tetsuro Esaki, Yujing Jiang. A rock bolt and rock mass interaction model [J]. International Journal of Rock Mechanics and Mining Sciences, 2004, 41:1055-1067.

[43] Yue Cai, Tetsuro Esaki, Yujing Jiang. An analytical model to predict axial load in grouted rock bolt for soft rock tunneling [J]. Tunneling and Underground Space Technology, 2004, 19:607-618.

[44] 何思明,张小刚,王成华. 基于修正剪切滞模型的预应力锚索作用机理研究[J]. 岩石力学与工程学报,2004,23(15):2562-2567.

[45] 方勇,何川. 全长黏结式锚杆与隧道围岩相互作用研究[J]. 工程力学,2007,24(6):111-116.

[46] 许宏发,王武,江淼,等. 灌浆岩石锚杆拉拔变形和刚度的理论解析[J]. 岩土工程学报,2011,33(10):1511-1516.

[47] 尤春安,战玉宝,刘秋媛,等. 预应力锚索锚固段的剪滞-脱黏模型[J]. 岩石力学与工程学报,2013,32(4):800-806.

[48] Freeman T J. The behavior of fully-bonded rock bolts in the kielder experimental tunnel [J]. Tunnels and Tunneling International, 1978, 10(5):37-40.

[49] 王明恕,何修仁,郑雨天. 全长锚固锚杆的力学模型及其应用[J]. 金属矿山,1983(4):24-29.

[50] 李冲,徐金海,李明. 全长锚固预应力锚杆杆体受力特征分析[J]. 采矿与安全工程学报,2013,30(2):188-193.

[51] 朱训国,杨庆. 全长注浆岩石锚杆中性点影响因素分析研究[J]. 岩土力学,2009,30(11):3386-3392.

[52] Yue Cai, Yujing Jiang, Ibrahim Djamluddin, et al. An analytical model considering interaction behavior of grouted rock bolts for convergence-confinement method in tunneling design [J]. International Journal of Rock Mechanics and Mining Sciences, 2015, 76:112-116.

[53] 周浩,肖明,陈俊涛. 大型地下洞室全长黏结式岩石锚杆锚固机制研究及锚固效应分析[J]. 岩土力学,2016,37(5):1503-1511.

[54] Hao Zhou, Ming Xiao, Juntao Chen. Analysis of a numerical simulation method of fully grouted and anti-seismic support bolts in underground geotechnical engineering [J]. Computers and Geotechnics,

2016, 76:61-74.

[55] Benmokrane B, Chennouf A, Mitri H S. Laboratory evaluation of cement-based grouts and grouted rock anchors [J]. International Journal of Rock Mechanics and Mining Science and Geomechanics Abstract, 1995, 32(7):633-642.

[56] Ren F F, Yang Z J, Chen J F, et al. An analytical analysis of the full-range behavior of grouted rockbolts based on a tri-linear bond-slip model [J]. Construction and Building Materials, 2010, 245:361-370.

[57] 文竞舟,张永兴,王成.隧道围岩全长黏结式锚杆界面力学模型研究[J].岩土力学,2013,34(6): 1645-1651,1686.

[58] 王洪涛,王琦,王富奇,等.不同锚固长度下巷道锚杆力学效应分析及应用[J].煤炭学报,2015,40(3):509-515.

[59] 王刚,刘传正,吴学震.端锚式锚杆-围岩耦合流变模型研究[J].岩土工程学报,2014,36(2):363-375.

[60] 王刚,吴学震,蒋宇静,等.大变形锚杆-围岩耦合模型及其计算方法[J].岩土力学,2014,35(3): 887-895.

[61] Laura Blanco Martin, Michel Tijani, Faouzi Hadj-Hassen. A new analytical solution to the mechanical behavior of fully grouted rockbolts subjected to pull-out tests [J]. Construction and Building Materials, 2011, 25:749-755.

[62] Dejian Shen, Xiang Shi, Hui Zhang, et al. Experimental study of early-age bond behavior between high strength concrete and steel bars using a pull-out test [J]. Construction and Building Materials, 2016, 113:653-663.

[63] Zohra Dahou, Arnud Castel, Amin Noushini. Prediction of the steel-concrete bond strength from the compressive strength of Portland cement and geopolymer concretes [J]. Construction and Building Materials, 2016, 119:329-342.

[64] Ghadimi M, Shariar K, Jalalifar H. A new analytical solution for the displacement of fully grouted rock bolts in rock joints and experimental and numerical verifications [J]. Tunnelling and Undergroud Space Technology, 2015, 50:143-151.

[65] Ghadimi Mostafa, Shariar Koroush, Jalalifar Hossein. A new analytical solution for calculation the displacement and shear stress of fully grouted rock bolts and numerical verifications[J]. International Journal of Mining Science and Technology, 2016,26(6):1073-1079.

[66] Jan Nemcik, Ma Shuqi, Naj Aziz, et al. Numerical modelling of failure propagation in fully grouted rock bolts subjected to tensile load [J]. International Journal of Rock Mechanics and Mining Sciences, 2014, 71:293-300.

[67] Ma Shuqi, Jan Nemcik, Naj Aziz. An analytical model of fully grouted rock bolts subjected to tensile load [J]. Construction and Building Materials, 2013, 49:519-526.

[68] Ma Shuqi, Jan Nemcik, Naj Aziz, et al. Numercial modeling of fully grouted rockbolts reaching free-end slip[J]. International Journal of Geomechanics, 2016, 16(1):04015020.

[69] 李青锋,周泽,朱川曲.采动压力对锚杆支护结构渐进损伤的数值模拟和试验研究[J].采矿与安全工程学报, 2015, 32(6):950-954.

[70] Rao Karanam U M, Dasyapu S K. Experimental and numerical investigations of stresses in a fully grouted rock bolts[J]. Geotechnical and Geological Engineering, 2005, 23:297-308.

[71] Charlie C Li, Gunnar Kristiansson, Are Håvard Høien. Critical embedment length and bond strength of fully encapsulated rebar rockbolts [J]. Tunnelling and Underground Space Technology, 2016, 59:16-23.

[72] Chen Cao, Ting Ren, Yidong Zhang, et al. Experimental inverstigation of the effect of grout with additive

in improving groud support [J]. International Journal of Rock Mechanics and Mining Science, 2016, 85:52-59.

[73] Ahmet Teymen. Effect of mineral admixture types on the grout strength of fully-grouted rockbolts [J]. Construction and Building Materials, 2017, 145:376-382.

[74] Kilic A, Yasar E, Atis C D. Effect of bar shape on the pull-out capacity of fully-grouted rockbolts [J]. Tunnelling and Underground Space Technology, 2003, 18:1-6.

[75] Wu Tao, Cao Chen, Han Jun, et al. Effect of bolt rib spacing on load transfer mechanism [J]. International Journal of Mining Science and Technology, 2017, 27:431-434.

[76] Ana Ivanovic, Richard D Neilson. Influence of geometry and material properties on the axial vibration of a rock bolt [J]. International Journal of Rock Mechanics and Mining Science, 2008, 45:941-951.

[77] Fuhai Li, Xiaojuan Quan, Yi Jia, et al. The experimental study of the temperature effect on the interfacial properties of fully grouted rock bolt [J]. Applied Sciences, 2017, 7(4):327.

[78] Chenchen Li, Danying Gao, Yinglai Wang, et al. Effect of high temperature on the bond performance between basalt fibre reinforced polymer (BFRP) bars and concrete [J]. Construction and Building Materials, 2017, 141:44-51.

[79] Kilic A, Yasar E, Celik A G. Effect of grout properties on the pull-out load capacity of fully grouted rock bolt [J]. Tunnelling and Underground Space Technology, 2002, 17:355-362.

[80] Ana Ivanovic, Richard D Neilson. Modelling of debonding along the fixed anchor length [J]. International Journal of Rock Mechanics and Mining Sciences, 2009, 46:699-707.

[81] Jianhang Chen, Hagan Paul C, Saydam Serkan. Parametric study on the axial performance of a fully grouted cable bolt with a new pull-out test [J]. International Journal of Mining Science and Technology, 2016, 26:53-58.

[82] 孙冰.不同围岩中锚杆锚固系统的低应变动力响应分析[D].长沙:中南大学,2010.

[83] 习小华.锚杆锚固质量动力响应特征与检测技术研究[D].西安:西安科技大学,2013.

[84] 程秀芝,李大平.锚杆支护质量监测方法的分析与探讨[J].煤炭安全,2007(8):67-68.

[85] 茅蓉蓉,巩百川.基于无损检测技术的沿空留巷锚杆支护质量评价[J].煤炭技术,2017,36(12):27-29.

[86] 张京.锚固缺陷影响锚杆受力分布规律与检测技术研究[D].西安:西安科技大学,2013.

[87] 雷毅,丁刚,鲍华,等.无损检测技术问答[M].北京:中国石化出版社,2013.

[88] 肖国强,吴基昌,周黎明,等.锚杆质量无损检测中的缺陷信息提取方法研究[J].长江科学院学报,2012,29(11):73-76.

[89] 岳向红.基于三维导波理论的基桩和锚杆无损检测技术研究[D].武汉:中国科学院武汉岩土力学研究所,2008.

[90] 张昌锁,李义,Zou Steve.锚杆锚固体系中的固结波速研究[J].岩石力学与工程学报,2009,28(S2):3604-3608.

[91] 杨冠林.高频超声导波在锚杆锚固体系中传播特性的研究[D].太原:太原理工大学,2011.

[92] 潘立业.超声导波在锚杆中的传播速度的试验和模拟研究[D].太原:太原理工大学,2013.

[93] 王富春,李义,孟波.动测法检测锚杆锚固质量及工作状态的理论及应用[J].太原理工大学学报,2002,33(2):169-172.

[94] 王成,宁建国,李朋.锚杆锚固系统在瞬态激励下的动态响应特性[J].煤炭学报,2008,33(1):7-10.

[95] 曲志刚,武立群,安阳,等.超声导波基础技术的发展与应用现状[J].天津科技大学学报,2017,32(4):1-8.

[96] 何存富,郑明方,吕炎,等.超声导波检测技术的发展、应用与挑战[J].仪器仪表学报,2016,37(8):1713-1735.

[97] 荣晓洋.超声纵向导波在锚杆中传播特性及典型缺陷检测研究[D].沈阳:东北大学,2017.

[98] 赵宇亮.超声导波在锚杆锚固体系中的传播的数值模拟[D].太原:太原理工大学,2012.

[99] 王娜.锚杆中宽频导波传播的数值仿真及脱粘检测[D].太原:太原科技大学,2016.

[100] 何存富,孙雅欣,吴斌,等.超声导波技术在埋地锚杆检测中的应用研究[J].岩土工程学报,2006,28(8):1144-1147.

[101] 郭凤卿,张昌锁.锚杆锚固质量无损检测技术及研究进展[J].太原理工大学学报,2005,36(S1):11-14.

[102] 刘海峰,杨维武,李义.全长锚固锚杆早期锚固质量无损检测技术[J].煤炭学报,2007,32(10):1066-1069.

[103] Zou D H, Jiulong Cheng, Renjie Yue, et al. Grout quality and its impact on guided ultrasonic waves in grouted rock bolts [J]. Journal of Applied Geophysics, 2010, 72:102-106.

[104] Zou D H, Cui Y. A new approach for field instrumentation in grouted rock bolt monitoring using guided ultrasonic waves [J]. Journal of Applied Geophysics, 2011, 75:506-512.

[105] Madenga V, Zou D H, Zhang C. Effects of curing time and frequency on ultrasonic wave velocity in grouted rock bolts [J]. Journal of Applied Geophysics, 2006, 59:79-87.

[106] Zou D H, Cui Y, Madenga V, et al. Effects of frequency and grouted length on the behavior of guided ultrasonic waves in rock bolts [J]. International Journal of Rock Mechanics and Mining Sciences, 2007, 44:813-819.

[107] In-mo Lee, Shin-in Han, Hyun-Jin Kim, et al. Evalution of rock bolt integrity using Fourier and wavelet transforms [J]. Tunnelling and Underground Space Technology, 2012, 28:304-314.

[108] Jung-Doung Yu, Myeong-Ho Bae, In-Mo Lee, et al. Nongrouted Ratio Evaluation of Rock Bolts by Reflection of Guided Ultrasonic Waves[J]. Journal of Geotechnical and Genenvironmental Engineering, 2013, 139:298-307.

[109] Jung-Doung Yu, Young-Ho Hong, Yong-Hoon Byun, et al. Non-destructive evaluation of the grouted ratio of a pipe roof support system in tunnelings [J]. Tunnelling and Underground Space Technology, 2016, 56:1-11.

[110] 张世平,张昌锁,白云龙,等.注浆锚杆完整性检测方法研究[J].岩土力学,2011,32(11):3368-3372.

[111] 潘立业,张昌锁,马洁腾,等.高频超声导波检测锚杆有效锚固长度分析[J].煤炭科学技术,2014,42(12):24-26,31.

[112] 韩世勇.导波在锚杆锚固质量检测中的应用研究[D].太原:太原理工大学,2010.

[113] Zhang C, Zou D H, Madenga V. Numerical simulation of wave propagation in grouted rock bolts and the effects of mesh density and wave frequency [J]. International Journal of Rock Mechanics and Mining Sciences, 2006, 43:634-639.

[114] Shin-in Han, In-mo Lee, Yong-jun Lee, et al. Evaluation of Rock Bolt Integrity using Guided Ultrasonic Waves [J]. Geotechnical Testing Journal, 2009, 32(1):31-38.

[115] Beard M D, Lowe M J S. Non-destructive testing of rock bolts using guided ultrasonic waves[J]. International Journal of Rock Mechanics and Mining Sciences, 2003, 40:527-536.

[116] Beard M D, Lowe M J S, Cawley P. Ultrasonic guided waves for inspection of grouted tendons and bolts [J]. Journal of Materials in Civil Engineering, 2003, 15:212-218.

[117] Cui Y, Zou D H. Numerical simulation of attenuation and group velocity of guided ulatasonic wave in grouted rock bolts [J]. Journal of Applied Geophysics, 2006, 59:337-344.

[118] 夏代林,吕绍林,肖柏勋.基于小波时频分析的锚固缺陷诊断方法[J].物探与化探,2003,27(4):312-315,319.

[119] 吴斌,张青,孙雅欣,等.一种基于导波技术检测锚杆长度及缺陷的新方法[J].无损检测,2007,29(5):237-240.

[120] 张雷.非全长黏结锚杆锚固缺陷无损检测原理及方法研究[D].徐州:中国矿业大学,2016.

[121] 李维树,甘复权,朱荣国,等.工程锚杆注浆质量无损检测技术研究与应用[J].岩土力学,2003,24(S1):189-194.

[122] 许明.锚固系统质量的无损检测与智能诊断技术研究[D].重庆:重庆大学,2002.

[123] 王娜,张伟伟,常红.基于宽频导波检测锚杆脱粘缺陷的数值仿真[J].太原科技大学学报,2018,39(1):69-76.

[124] 王娜,张伟伟,常红.基于神经网络的超声导波锚杆滑移缺陷的识别[J].太原科技大学学报,2016,37(6):152-156.

[125] 程恩.基于RBF神经网络的锚杆锚固质量无损检测方法研究[D].石家庄:石家庄铁道大学,2016.

[126] Chaki S, Bourse G. Guided ultrasonic waves for non-destructive monitoring of the stress levels in pre-stressed steel strands [J]. Ultrasonics, 2009, 49:162-171.

[127] Chaki S, Bourse G. Stress level measurement in prestressed steel strands using acoustoelastic effect [J]. Experimental Mechanics, 2009, 49:673-681.

[128] Salim Chaki, Gilles Corneloup, Ivan Lillamand, et al. Combination of longitudinal and transverse ultrasonic waves for in situ control of the tightening of bolts [J]. Journal Pressure Vessel Technology, 2006, 129(3):383-390.

[129] 施泽华,周海鸣.声弹性法及其应用[J].河海大学学报,1990,18(2):69-75.

[130] Rizzo P. Ultrasonic wave propagation in progressively loaded multi-wire strands [J]. Experimental Mechanics, 2006, 46:297-306.

[131] Feng Chen, Paul D Wilcox. The effect of load on guided wave propagation [J]. Ultrasonics, 2007, 47:111-122.

[132] Hegeon Kwun, Keith A Bartels, John J Hanley. Effects of tensile loading on the properties of elastic-wave propagation in a strand [J]. Journal of the Acoustical Society of America, 1998, 103(6):3370-3375.

[133] Hung-Liang Chen, Komwut Wissawapaisal. Application of wigner-ville transform to evaluate tensile forces in seven-wire prestressing strands[J]. Journal of Engineering Mechanics, 2002, 128(11):1206-1214.

[134] Hung-Liang Chen, Komwut Wissawapaisal. Mersurement of tensile forces in a seven-wire prestressing strand using stress waves [J]. Journal of Engineering Mechanics, 2001, 127(6):599-606.

[135] Xiucheng Liu, Bin Wu, Fei Qin, et al. Observation of ultrasonic guided wave propagation behaviors in pre-stressed multi-wire structures[J]. Ultrasonics, 2017, 73:196-205.

[136] Paolo Bocchini, Asce M, Alessandro Marzani, et al. Graphical user interface for guided acoustic waves [J]. Journal of Computing in Civil Engineering, 2011, 25(3):202-210.

[137] Mazzotti M, Marzani A, Bartoli I, et al. Guided waves dispersion analysis for prestressed viscoelastic waveguides by means of the SAFE method [J]. International Journal of Solids and Structures, 2012,

49:2359-2372.

[138] Philip W Loveday. Semi-analytical finite element analysis of elastic waveduides subjected to axial loads [J]. Ultrasonics, 2009, 49:298-300.

[139] 李青锋,朱川曲,段瑜.预应力锚杆支护系统动力特征的数值模拟[J].煤炭学报,2008,33(7):727-731.

[140] 张东方.锚杆锚固质量动力无损检测数值模拟研究[D].郑州:郑州大学,2010.

[141] Ana Ivanovic, Richard D Neilson, Albert A Rodger. Influence of prestress on the dynamic response of groud anchorages [J]. Journal of Geotechnical and Geoenvironmental Engineering, 2002, 128(3):237-249.

[142] Ana Ivanovic, Richard D Neilson. Non-destructive testing of rock bolts for estimating total bolt length [J]. International Journal of Rock Mechanics and Mining Sciences, 2013, 64:36-43.

[143] 罗斯 J L.固体中的超声波[M].何存富,吴斌,王秀彦,译.北京:科学出版社,2004.

[144] Pochhammer B L. Biegung des kreiscylinders-fortpflanzungs-geschwindigkeit kleiner schwingungen in einem kreiscylinder [J]. Journal Für Die Reine Und Angewandte Mathematik, 1876, 81:326-336.

[145] Chree C. The equations of an isotropic elastic solid in polar and cylindrical co-ordinates their solution and application [J]. Transactions of the Cambridge Philosophical Society, 1889, 14:250-369.

[146] Rayleigh J W S. The Theory of Sound[M]. New York: Macmillan Company, 1894.

[147] Lamb H. On waves in an elastic plate[J]. Proceedings of the Royal Society A, 1917, 93(648):114-128.

[148] Takahiro Hayashi, Won-Joon Song, Joseph L. Rose. Guided wave dispersion curves for a bar with an arbitrary cross-section, a rod and rail example [J]. Ultrasonics, 2003, 41:175-183.

[149] Paolo Bocchini, Alessandro Marzani, Erasmo Viola. Graphical user interface for guided acoustic waves [J]. Journal of Computing in Civil Engineering, 2011, 25(3):202-210.

[150] 朱万成,于水生,牛雷雷,等.一种锚杆拉拔及应力波检测试验装置及方法[P].中国发明专利:CN106092749A,(实质审查).

[151] Li C, Stillborg B. Analytical models for rock bolts [J]. International Journal of Rock Mechanics and Mining Science, 1999, 36:1013-1029.

[152] Jianhang Chen, Serkan Saydam, Paul C. Hagan. An analytical model of the load transfer behavior of fully grouted cable bolts [J]. Construction and Building Materials, 2015, 101:1006-1015.

[153] Ginghis Maranan, Allan Manalo, Karu Karunasena, et al. Bond stress-slip behavior: case of GFRP bars in geopolymer concrete [J]. Journal of Materials in Civil Engineering, 2015, 27(1):04014116.

[154] Biruk Hailu Tekle, Amar Khennane, Obada Kayali. Bond properties of Sand-Coated GFRP bars with fly ash-based geoplymer concrete [J]. Journal of Composites for Construction, 2016, 20(5): 04016025.

[155] Baek-Il Bae, Hyun-Ki Choi, Chang-Sik Choi. Bond stress between conventional reinforcement and steel fibre reinforced reactive powder concrete[J]. Construction and Building Materials, 2016, 112:825-835.

[156] Flora Faleschini, Amaia Santamaria, Mariano Angelo Zanini, et al. Bond between steel reinforcement bars and electric arc furnace slag concrete [J/OL]. Materials and Structures, 2017, 50(3): 170. DOI 10.1617/s11527-017-1038-2.

[157] Kim Hung Mo, Phillip Visintin, U. Johnson Alengaram, et al. Bond stress-slip relationship of oil palm shell lightweight concrete [J]. Engineering Structures, 2016, 127: 319-330.

[158] Biruk Hailu Tekle, Amar Khennane, Obada Kayali. Bondbehavior of GFRP reinforcement in alkali acti-

vated cement concrete [J]. Construction and Building Materials, 2017, 154:972-982.

[159] Hailong Wang, Xiaoyan Sun, Guangyu Peng, et al. Experimental study on bondbehavior between BFRP bar and engineered cementitious composite [J]. Construction and Building Materials, 2015, 95:448-456.

[160] Siong Wee Lee, Shao-Bo Kang, Kang Hai Tan, et al. Experimental and analytical investigation on bond-slip behavior of deformed bars embedded in engineered cementitious composites [J]. Construction and Building Materials, 2016, 127:494-503.

[161] Spearing A J S, Hyett A J, Kostecki T, et al. New technology for measuring the in situ performance of rock bolts [J]. International Journal of Rock Mechanics and Mining Science, 2013, 57:153-166.

[162] Ahmed Al-Abdwais, Riadh Al-Mahaidi. Bond behavior between NSM CFRP laminate and concrete using modified cement-based adhesive [J]. Construction and Building Materials, 2016, 127:284-292.

[163] Muhammad Ikramul Kabir, Rijun Shrestha, Bijan Samali. Effects of applied environmental conditions on the pull-out strengths of CFRP-concrete bond [J]. Construction and Building Materials, 2016, 114:817-830.

[164] Li L, Hagan P C, Saydam S, et al. Parametric study of rockbolt shearbehavior by double shear test [J]. Rock Mechanics and Rock Engineering, 2016, 49:4787-4797.

[165] 王博,白国良. 钢筋与再生混凝土黏结破坏过程的能量机制研究[J]. 混凝土,2011(2):32-35.

[166] Jeeho Lee, Gregory L Fenves. Plastic-damage model for cyclic loading of concrete structures [J]. Journal of Engineering Mechanics, 1998, 124(8):892-900.

[167] Dassault Systemes Simulia. ABAQUS Theory Manual & Users Manuals Version 6.11 [M]. USA, 2014.

[168] Pizhong Qiao, Ying Chen. Cohesive fracture simulation and failure modes of FRP-concrete bond interfaces [J]. Theoretical and Applied Fracture Mechanics, 2008, 49:213-225.

[169] Jose Henriques, Luis Simoes da Silva, Isabel B. Valente. Numerical modeling of composite beam to reinforced concrete wall joints part1: Calibration of joint components [J]. Engineering Structures, 2013a, 52:747-761.

[170] Jose Henriques, Luis Simoes da Silva, Isabel B. Valente. Numerical modeling of composite beam to reinforced concrete wall joints part2: Global behavior [J]. Engineering Structures, 2013b, 52:734-746.

[171] Xu Chang, Guozhu Wang, Zhenzhao Liang, et al. Study on grout cracking and interface debonding of rockbolt grouted system [J]. Construction and Building Materials, 2017, 135:665-673.

[172] Zixing Liu, Qiang Xu. Cohesive zone modeling for viscoplastic behavior at finite deformations[J]. Composites Science and Technology, 2013, 74:173-178.

[173] Kyoungsoo Park, Kyoungsu Ha, Habeun Choi, et al. Prediction of interfacial fracture between concrete and fiber reinforced polymer (FRP) by using cohesive zone modeling[J]. Cement and Concrete Composites, 2015, 63:122-131.

[174] Chen G M, Teng J G, ASCE M, et al. Finite-element modeling of intermediate crack debonding in FRP-plated RC beams [J]. Journal of Composites for Construction, 2011, 15(3):339-353.

[175] Jose Henriques, F. Gentili, Luis Simoes da Silva, et al. Component based design model for composite beam to reinforced concrete wall moment-resistant jionts [J]. Engineering Structures, 2015, 87:86-104.

[176] Wenrui Yang, Xiongjun He, Li Dai. Damage behavior of concrete beams reinforced with GFRP bars [J]. Composite Structures, 2017, 161:173-186.

[177] Mohammadali Rezazadeh, Valter Carvelli, Ana Veljkovic. Modelling bond of GFRP rebar and concrete

[J]. Construction and Building Materials, 2017, 153:102-116.

[178] 杨奕,张亚芳,刘浩,等.黏结长度对光圆钢筋混凝土单筋拔出性能的影响[J].中山大学学报(自然科学版), 2015, 54(2):30-35.

[179] Carrión A, Genovés V, Gosálbez J, et al. Ultrasonic singal modality: A novel approach for concrete damage evaluation [J]. Cement and Concrete Research, 2017, 101:25-32.

[180] 张昌锁,李义,赵阳升,等.锚杆锚固质量无损检测中的激发波研究[J].岩石力学与工程学报,2006,25(6):1241-1245.

[181] Beata Zima, Magdalena Rucka. Non-destructive inspection of ground anchors using guided wave propagation [J]. International Journal of Rock Mechanics and Mining Science, 2017, 94:90-102.

[182] Beata Zima, Magdalena Rucka. Guided ultrasonic waves for detection of debonding in bars partially embedded in grout [J]. Construction and Building Materials, 2018, 168:124-142.

[183] 言志信,蔡汉成,王群敏,等.导波在围岩锚固结构中传播的数值模拟[J].兰州大学学报(自然科学版),2011,47(2):61-65.

[184] 李义,张昌锁,王成.锚杆锚固质量无损检测几个关键问题的研究[J].岩石力学与工程学报,2008,27(1):108-116.

[185] 孙冰,郑绪涛,曾晟,等.多点布测下锚固缺陷诊断的小波多尺度分析[J].煤炭学报,2014,39(7):1385-1390.

[186] 孙冰,曾晟,陈振富,等.锚杆锚固系统的瞬态动力响应特性[M].哈尔滨:哈尔滨工业大学出版社,2015.

[187] 牛海萍.锚固围岩体中用超声导波估算锚杆锚固质量[D].太原:太原理工大学,2012.

[188] Ki-Il Song, Gye-Chun Cho. Bonding state evaluation of tunnel shotcrete applied onto hard rocks using the impact-echo method [J]. NDT&E International, 2009, 42:487-500.

[189] Gregor Trtnik, Matija Gams. The use of frequency spectrum of ultrasonic P-wave to monitor the setting process of cement pastes [J]. Cement and Concrete Research, 2013, 43:1-11.

[190] Fei Yao, Guangyu Chen, Abulikemu Abula. Research on signal processing of segment-grout defect in tunnel based on impact-echo method [J]. Construction and Building Materials, 2018, 187:280-289.

[191] Ki-Il Song, Gye-Chun Cho. Numerical study on the evaluation of tunnel shotcrete using the impact-echo method coupled with Fourier transform and short-time Fourier transform [J]. International Journal of Rock Mechanics and Mining Sciences, 2010, 47:1274-1288.

[192] Ting Yu, Jean-Francois Chaix, Lorenzo Audibert, et al. Simulations of ultrasonic wave propagation in concrete based on a two-dimensional numerical model validated analytically and experimentally [J]. Ultrasonics, 2019, 92:21-34.

[193] 杨天春,吴燕清,夏代林.基于相位推算法的锚杆施工质量无损检测分析方法[J].煤炭学报,2009,34(5):629-633.

[194] Bo Zhang, Shucai Li, Kaiwen Xia, et al. Reinforcement of rock mass with cross-flaws using rock bolt [J]. Tunnelling and Underground Space Technology, 2016, 51:346-353.

[195] 张波,李术才,杨学英,等.含交叉裂隙节理岩体锚固效应及破坏模式[J].岩石力学与工程学报,2014,33(5):996-1003.

[196] 张宁,李术才,李明田,等.单轴压缩条件下锚杆对含三维表面裂隙试样的锚固效应试验研究[J].岩土力学,2011,32(11):3288-3294,3305.

[197] 李术才,张宁,吕爱钟,等.单轴拉伸条件下断续节理岩体锚固效应试验研究[J].岩石力学与工程学报,2011,30(8):1579-1586.

[198] Lok Priya Srivastava, Mahendra Singh. Empirical estimation of strength of jointed rocks traversed by rock bolts based on experimental observation [J]. Engineering Geology, 2015, 197:103-111.

[199] Hang Lin, Zheyi Xiong, Taoying Liu, et al. Numerical simulations of the effect of bolt inclination on the shear strength of rock bolts[J]. International Journal of Rock Mechanics and Mining Sciences, 2014, 66:49-56.

[200] 周辉,徐荣超,卢景景,等.深埋隧洞板裂化围岩预应力锚杆锚固效应试验研究及机制分析[J].岩石力学与工程学报,2015,34(6):1081-1090.

[201] Qingqing Ni, Masaharu Iwamoto. Wavelet transform of acoustic emission singals in failure of model composites [J]. Engineering Fracture Mechanics, 2002, 69:717-728.

[202] Kyung Ho Sun, Jin Chul Hong, Yoon Young Kim. Dispersion-bsed continuous wavelet transform for the analysis of elastic wave [J]. Journal of Mechanical Science and Technology, 2006, 20(12):2147-2158.

[203] Wang Jiyan, Zhao Yucheng, Yao Banghua, et al. Filtering detecting signal of rockbolt with harmonic wavelet [J]. Mining Science and Technology, 2010, 20:411-414.

[204] T. Bouden M. Nibouche, F. Djerfi, et al. Improving wavelet transform for the impact-echo method of non-detructive testing [J]. Future Communication, Computing, Control and Management, LNEE, 2012, 141:241-247.

[205] 李青锋,缪协兴,徐金海.连续复小波变换在工程检测数据处理中的应用[J].中国矿业大学学报,2007,36(1):23-26.

[206] 任智敏,李义.基于声波测试的锚杆锚固质量检测信号分析与评价系统实现[J].煤炭学报,2011,36(S1):191-196.

[207] 肖国强,刘天佑,周黎明,等.小波多尺度分析在岩石锚杆质量弹性波无损检测中的应用[J].长江科学院院报,2006,23(4):67-70.

[208] 杨学立,周树亮,高宝龙,等.小波多尺度分析在重磁勘探位场解释中的应用[J].地球物理学进展,2016,31(6):2707-2716.

[209] 王江涛,张昆,李欢.基于小波分析的动态变形信息提取多尺度分析方法研究[J].中国煤炭地质,2018,30(6):124-130.

[210] Kikuo Kishimoto, Hirotsugu Inoue, Makoto Hamada, et al. Time frequency analysis of dispersive waves by means of wavelet transform [J]. Journal of Applied Mechanics, 1995, 62:841-846.

[211] Neild S A, Mcfadden P D, Williams M S. Areview of time-frequency methods for structural vibration analysis [J]. Engineering Fracture Mechanics, 2003, 25:713-728.

[212] 陈菲,何川,邓建辉.高地应力定义及其定性定量判据[J].岩土力学,2015,36(4):971-980.

[213] 张益东,张少华,侯朝炯,等.地应力对锚杆支护的沿空巷道的影响[J].中国矿业大学学报,1999,35(2):371-374.

[214] 樊克松,申宝宏,刘少伟,等.巷道顶板锚固体应力波传播特性数值试验与应用[J].采矿与安全工程学报,2018,28(4):245-253.

[215] 陈建功,张永兴.锚杆系统动测信号的特征分析[J].岩土工程学报,2008,30(7):1051-1057.

[216] 傅翔,宋人心,王五平,等.冲击回波法检测预应力留孔灌浆质量[J].施工技术,2003,32(11):37-38.

[217] Liangsheng Lv, Haifeng Yang, Tianbao Zhang, et al. Bond behavior between recycled aggregate concrete and deformed bars under uniaxial lateral pressure [J]. Construction and Building Materials, 2018, 185:12-19.